无人机倾斜摄影三维建模

李京伟　周金国　主　编◎

电子工业出版社

Publishing House of Electronics Industry

北京·BEIJING

内 容 简 介

无人机倾斜摄影三维建模技术已逐渐成为建立地表精细实景三维模型的主要手段，倾斜摄影三维模型及其衍生成果已成为自然资源、规划、测绘、国防、智慧城市等行业和应用的重要基础地理信息。本书系统介绍了使用无人机和倾斜摄影方法建立精细地表三维模型方面的技术路线，以及利用无人机倾斜摄影三维模型生产标准测绘产品和开展行业应用的思路。

本书可供无人机应用相关专业的管理人员和技术人员参考，也可作为专业院校的教材使用。

图书在版编目（CIP）数据

无人机倾斜摄影三维建模 / 李京伟，周金国主编. —北京：电子工业出版社，2022.6

ISBN 978-7-121-36182-1

Ⅰ. ①无… Ⅱ. ①李… ②周… Ⅲ. ①无人驾驶飞机—航空摄影测量 Ⅳ. ①P231

中国版本图书馆 CIP 数据核字（2019）第 054625 号

责任编辑：关雅莉　　　文字编辑：张志鹏

印　　刷：中国电影出版社印刷厂
装　　订：中国电影出版社印刷厂
出版发行：电子工业出版社
　　　　　北京市海淀区万寿路 173 信箱　　邮编　100036
开　　本：787×1 092　1/16　印张：13　字数：332.8 千字
版　　次：2022 年 6 月第 1 版
印　　次：2023 年 2 月第 2 次印刷
定　　价：68.00 元

前　　言

——无人机倾斜摄影三维建模全景图

党的二十大报告指出："教育、科技、人才是全面建设社会主义现代化国家的基础性、战略性支撑"。职业教育作为教育的一个重要组成部分，其目的是培养应用型人才和具有一定文化水平和专业知识技能的社会主义劳动者和建设者，职业教育侧重于实践技能和实际工作能力的培养。在职业学校中，无人机倾斜摄影的概念、利用倾斜摄影照片进行实景三维建模的技术和方法，都是无人机相关专业专业课程的重要内容。

自 2000 年以来，由于无人机技术的不断成熟，利用小型民用无人机作为飞行平台和利用消费级数码相机进行高分辨率航空摄影，已为地形测绘、资源调查、规划设计、环境监测、智慧城市等提供了重要的支撑。近几年来，随着倾斜摄影三维建模技术的发展，更是推动了无人机在航空摄影领域的广泛应用。

随着智慧城市的建设，对城市建筑区和周边地区的精细三维模型数据的需求不断增加，而以传统方法生产城市三维模型存在生产周期长、精细程度差、模型类型单一、真实感较差、成本费用高昂等问题，限制了三维信息在行政管理和行业服务中的应用。无人机倾斜摄影三维建模技术的快速发展，使得快速获取高分辨率的航空影像、高效建立精细的地表三维模型成为可能。

图 0-1 是根据当前相关技术发展的现状和行业应用需求，结合软硬件产品研发的成果和工程项目应用的实践经验，按照"构建产品体系，持续创新研发，开放系统架构，聚焦重点应用"的原则，以全景图的方式展现无人机倾斜摄影的三维建模软硬件产品和应用服务体系所涉及的 6 个方面。图 0-1 中，倾斜摄影系统、三维建模系统、智能测图系统、三维信息平台这 4 个方面是数据生产和平台服务环节，而三维地理信息系统和三维专业应用服务平台则是在此基础上的扩展应用，所有系统和应用都是围绕着标准格式的三维模型展开的，具体如下。

（1）倾斜摄影系统：多旋翼无人机、固定翼无人机、作业技术规程、倾斜摄影相机。

（2）三维建模系统：高性能计算集群、模型编辑软件、高性能存储集群、三维建模软件。

（3）智能测图系统：场景编辑软件、变化检测软件、对象化软件、智能测图软件。

（4）三维信息平台：专题数据整合系统、三维信息服务系统、互联网服务平台、三维工程设计系统。

（5）三维地理信息系统：三维空间分析软件、三维矢量编辑软件、三维地形分析软件、对象属性编辑软件。

（6）三维专业应用服务平台：智慧管理应用平台、智慧城市应用平台、智慧行业应用平台、智慧服务应用平台。

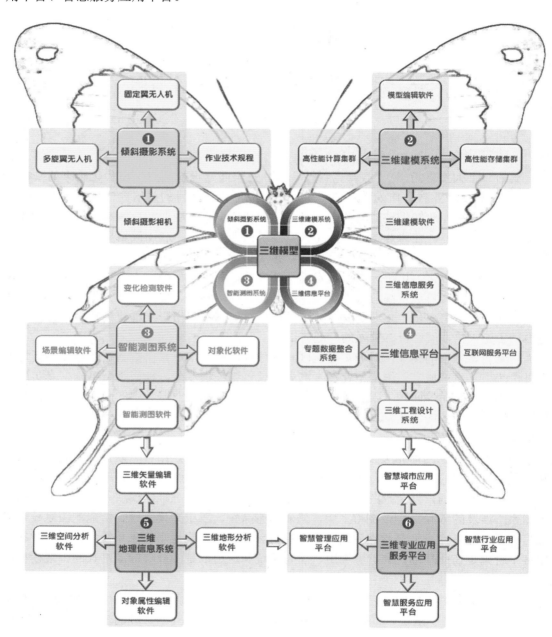

图 0-1　无人机倾斜摄影三维建模的软硬件产品和应用服务体系全景图

美国麻省理工学院气象学家洛伦兹（Lorenz）在华盛顿举办的美国科学促进会上做的一次讲演中提出：一只蝴蝶在巴西扇动翅膀，有可能会在美国的得克萨斯引起一场飓风。他的演讲和结论给人们留下了极其深刻的印象。从此以后，所谓"蝴蝶效应"（The

Butterfly Effect）之说就声名远扬了。

无人机倾斜摄影三维建的模软硬件产品和应用服务体系就像是一只蝴蝶，而其对测绘领域和相关行业应用所产生的影响就好比"蝴蝶效应"。

本书主要论述使用无人机倾斜摄影方法，来建立精细地表三维模型的技术路线，以及利用无人机倾斜摄影三维模型生产标准测绘产品和开展行业应用的思路。

本书可供无人机应用相关专业的管理人员和技术人员参考，也可作为专业院校的教材使用。

由于无人机技术和倾斜摄影技术发展较快，新技术、新产品、新方法不断涌现，书中个别内容和指标可能落后或已发生改变，请读者注意。

名词解释：

- 无人机：无人驾驶航空飞行器的一种，包括固定翼无人机、多旋翼无人机、复合固定翼无人机等类型。
- 航空摄影：利用飞机（包括直升机）、飞艇、气球等有人驾驶或无人驾驶航空飞行器，从空中对地球表面进行摄影。
- 垂直摄影：摄影机的主光轴处于铅垂线方向的航空摄影。
- 倾斜摄影：航空摄影的一种方法，也称为倾斜航空摄影。本书中提到的倾斜摄影，主要指使用无人机在一定高度，以低倾斜角度（摄影机主光轴偏离铅垂方向 25°～45°）对地面进行的摄影。
- 倾斜摄影系统：用于倾斜摄影的相机或其组合。
- 像幅：胶片或数码相机承影面的尺寸。
- 画幅：数码相机感光传感器的尺寸。
- 像素数：数码相机传感器感光单元的数量。
- 倾斜影像：以倾斜摄影方法获取的对地观测影像。由于现在都是使用数码相机进行倾斜摄影，因此所获取的影像也称为数字倾斜影像。
- 倾斜影像三维建模：使用倾斜摄影方法获取倾斜影像，在此基础上进行精细地表三维建模的方法、过程或技术。
- 倾斜摄影三维模型：使用倾斜摄影方法获取的倾斜影像和自动建模软件建立的地表三维模型。
- 6D 产品：6 种标准数字测绘产品的简称，包括三维模型、数字表面模型、数字高程模型、真正数字正射影像图、数字线划地图、数字对象化模型。
- 航向重叠：又称"纵向重叠"，是指在航空摄影中，沿同一航线内相邻相片上具有同一地面影像部分。
- 航向重叠度：是指飞机沿航线摄影时，相邻相片之间所保持的影像重叠程度、以沿航线方向相片重叠部分的长度与航线方向上相幅长度比率，称为航向重叠度，以百分数表示。
- 旁向重叠：又称"横向重叠"，是指在航空摄影中，相邻航线之间的相邻相片上同一地区影像的重叠。
- 旁向重叠度：垂直于航线方向上的长度与垂直于航线方向上相幅的比率，称为旁向重叠度，以百分数表示。

- 空中三角测量（空三）：利用航摄相片与所摄目标之间的空间几何关系，根据少量相片的控制点，计算出相片外方位元素和其他待求点的平面位置、高程的测量方法。
- 影像地面分辨率（地面分辨率、影像分辨率）：指一个像元所代表的地面面积，通常以其边长表示。
- 绝对定向：确定相片或立体模型在物方坐标系中所处方位的过程。
- 倾斜摄影三维模型：利用倾斜摄影方法建立的三维模型。
- 计算机集群：将一组松散集成的计算机硬件连接起来，高度紧密地协作，完成计算工作。在某种意义上，计算机集群被看作一台计算机，集群系统中的单个计算机称为节点。

目　　录

第 1 章　摄影的前世今生

摄影一词源于希腊语 φῶς（phos，光线）、γραφι（graphis，绘画、绘图）或 γραφή（graphê），两个单词含在一起的意思是"以光线绘图"。

摄影是指使用某种专门设备进行影像记录的过程，现在一般使用胶片照相机或数码照相机进行摄影。摄影也被称为照相，是指通过物体所反射的光线使感光介质曝光的过程。

摄影之所以诞生，就是为了记录。它诞生之后所显示出来的强大的生命力，也恰恰在于它的记录功能，这是其他技术或艺术所无法比拟或取代的。因此，从广义上说，摄影就是记录。摄影也是自然科学与社会科学交汇的结晶，是了解、认识、反映社会现实的形象化手段。

1.1　现代摄影术的诞生

现代意义上的摄影术始于 1826 年。1826 年，法国人约瑟夫·尼埃普斯在房子顶楼的工作室里，成功地拍摄了世界上第一张永久保存的照片《窗外景色》，如图 1-1 所示。该照片现收藏于美国得克萨斯大学奥斯汀分校哈利兰森中心。当时尼埃普斯使用的制作工艺是在白蜡板上敷上一层薄沥青，然后利用阳光和原始镜头，拍摄窗外的景色，曝光时间长达 8 小时，再经过薰衣草油的冲洗，才获得了这张照片。尼埃普斯把他这种用日光将影像永久地记录在玻璃和金属板上的摄影方法称作"日光蚀刻法"，又称"阳光摄影法"。尼埃普斯的摄影方法，比达盖尔早了十几年，实际上是摄影术的发明者，只是由于保密的原因而一直拒绝公开，也就未获得公认。

科学家杜森·斯图里克说："如果你想一想照片的整个历史，还有胶片和电视的发展，就会发现，它们都是从这第一张照片开始的。这张照片是所有这些技术的老祖宗，是源头。也正因如此，它才那么令人激动。"

1839 年 1 月 7 日，路易斯·达盖尔发明的"银版摄影法"在法国科学院和法国美术学会的联合会议上被首次公布。达盖尔（左）和他于 1837 年拍摄的照片《工作室一角》（右）如图 1-2 所示。1839 年 8 月 19 日，法国政府在获得了"银版摄影法"的专利后，向全世界公开了这项发明，并出版了完整的工作指南，引起了巨大的轰动，并迅即得以广泛使用。所以，1839 年 8 月 19 日被世界公认为世界摄影日。

图 1-1　尼埃普斯（左）和他于 1826 年拍摄的世界上第一张照片《窗外景色》（右）

图 1-2　达盖尔（左）和他于 1837 年拍摄的照片《工作室一角》（右）

　　"银版摄影法"的发明，使人类第一次掌握即时捕捉、永久固定和长期保存外界影像的能力，使摄影成为人类在绘画之外保存视觉图像的新方式，并逐步发展成为世界上一种艺术与传递信息的重要媒介。由此开辟了人类视觉信息传递的新纪元，也使路易斯·达盖尔成为举世公认的"摄影之父"。

　　1839 年，英国天文学家约翰·赫雪尔博士首次提出了"Photography"（摄影）这个词，包括 Negative（底片）、Positive（正片）、Snapshot（快照）等名字也是由他首先提出的。

　　1841 年，英国皇家学会会员亨利·塔尔博特发表了"卡罗摄影法"。塔尔博特（左）和他于 1835 年拍摄的现存最古老的纸基负片（右）如图 1-3 所示。塔尔博特在 1834 年就发现了卤化银的感光性能和碘化钾、浓盐水对影像的定影作用，并用自己的方法得到了一些可以保存的树叶和羽毛之类的纸质片基照片。1835 年，他在拍摄过程中第一次获得了负像画面，并且可以把所得到的黑底白图像的负相片与另一张未感光的感光材料的药面相贴，然后通过曝光、显影、定影，得到了多张与原物影像一致的正相片。这种摄影法对后来的摄影技术有着深远的影响，并沿用至今。

图 1-3　塔尔博特（左）和他于 1835 年拍摄的现存最古老的纸基负片（右）

1847 年，法国人尼埃普斯·维克多利用玻璃感光板代替塔尔博特所用的感光纸，为整个近代的负像转正像摄影法奠定了基础。

但达盖尔和塔尔博特所采用的感光材料都存在一个共同的缺点就是感光度很低，感光时间往往要几十分钟，因此，对拍摄对象的选择受到了很大的限制。1851 年，英国伦敦的雕塑家阿切尔发现了一种新的摄影方法——将硝化棉溶于乙醚和酒精，制成火棉胶，再把碘化钾溶于火棉胶后马上涂在干净的玻璃上，装入相机进行曝光，经显影、定影后得到一张玻璃底片，这种摄影方法被称为"火棉胶摄影法"。"火棉胶摄影法"的操作虽然麻烦，但成本低，不到"银版摄影法"的 1/10，曝光速度比"银版摄影法"的快，影像清晰度也高，玻璃底片又可以用来大量印制照片。"火棉胶摄影法"使感光材料发生了质的飞跃，取代了达盖尔和塔尔博特所采用的感光材料，自 1851 年问世以后，此摄影方法流行了 20 多年，成为摄影史上一个比较重要的历史时期。"火棉胶摄影法"的唯一缺点是拍摄和冲洗必须在火棉胶未干燥前约 20 分钟之内进行。因为火棉胶干燥后不透水，药液无法发挥作用，所以又被称为"湿版摄影法"。它的这个缺点给摄影者带来极大的麻烦，特别是外出拍摄，除了携带摄影机和三脚架，还必须携带化学药品、暗室帐篷及其他冲洗用具，使许多摄影爱好者不敢采用。直到 1871 年，英国一名医生兼业余摄影爱好者理查德·马多克斯发明感光"干版"之后，"湿版摄影法"很快就销声匿迹了。

1880 年，在美国纽约州罗彻斯特市有一位用"湿版摄影法"的年轻人乔治·伊斯曼对当时不够完善的、由马多克斯发明的卤化银明胶乳剂技术进行了两年多的研究后，取得了很大进展，注册了美国伊斯曼干版和胶片公司（Eastman Dry Plate & Film Co.）。1884 年，伊斯曼干版和胶片公司生产了用于大型座机的伊斯曼—沃克（Eastman-Walker）胶片盒，内装一卷纸基明胶乳剂胶卷，经拍摄、冲洗之后，用油涂在纸基上，当纸基变得透明后，就可用于印制照片。1885 年，伊斯曼干版和胶片公司研制了纸基剥膜胶卷，在胶卷冲洗过程中，明胶乳剂从纸基上移到玻璃等透明材料上，用来印制照片。1888 年的柯达相机广告（左）和乔治·伊斯曼（右）如图 1-4

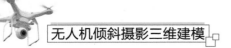

所示。

图 1-4　1888 年的柯达相机广告（左）和乔治·伊斯曼（右）

1.2　摄影胶片的出现

早期的伊斯曼胶卷冲印起来虽然比"湿版摄影法"容易了很多，但与后来的胶卷冲印相比仍颇为费事。将感光明胶乳剂涂覆在极薄的可卷曲的透明材料上并通过很简单的工艺就能得到高品质的照片，这一设想最早是由美国一位牧师出身的科学家汉尼巴尔·古德温提出来的。

1869 年，美国化学家约翰·海厄特发现在硝化纤维中加入樟脑时，硝化纤维竟变成了一种柔韧性相当好的、硬而不脆的材料，在热压下可制成各种形状的产品，他将这种材料命名为"赛璐珞"（Celluloid 的音译）。1888 年，海厄特生产出了只有 0.254mm 厚的透明硝化纤维（赛璐珞）片材。同年，伊斯曼干版和胶片公司开始采用赛璐珞作为片基，试制出了新型赛璐珞透明片基胶卷，使该公司成为世界上首家商业化生产赛璐珞胶卷的公司。但由于硝化纤维极易燃烧、稳定性差、易开裂等问题，这种片基材料到了 20 世纪 50 年代后被新的醋酸纤维、涤纶等透明片基材料所取代。

伊斯曼干版和胶片公司为了尽快推广和普及新型胶片，于 1888 年研制并生产了首台只使用胶卷的方形箱式相机。这种相机使摄影只需 3 个步骤，即摄影者拉动快门、卷动胶卷、按下按钮。乔治·伊斯曼也费尽心思地创造了简短的英文"The Kodak"（柯达）作为该相机的名称。柯达相机取得了成功，也成为了相机的代名词。1892 年，伊斯曼意识到了柯达这个名字已经深入人心，于是将他的公司改名为伊斯曼·柯达公司。从此以后，摄影进入了胶片时代。

　　早期使用"干版摄影法"或"湿版摄影法"的相机种类较多，承影面的尺寸各不相同，为了满足各种类型相机的需要，柯达公司生产了多种尺寸的胶片。其中最著名的就是1934 年开始生产的编号为 135 的卷状胶片，即 135 胶卷。

1.3　135 相机的兴起

　　19 世纪末，电影业已在欧美兴起，在各式各样的电影胶片中，以宽度为 35mm、两边带有齿孔规格的胶片最为流行，其画面尺寸为 18mm×24mm，35mm 电影胶片规格如图 1-5 所示。

　　1891 年，在美国爱迪生实验室工作的威廉·迪克森设计出最早的电影摄影机，并将伊斯曼干版和胶片公司生产的 70mm 宽的胶片裁切成 35mm 宽的胶片用于摄影，对所得的 35mm 胶片进行打孔，由此奠定了 35mm 电影胶片的重要地位。

　　1913 年，出于减轻相机重量和便于携带的目的，德国徕兹（Leitz）显微镜工厂的设计师奥斯卡·巴尔纳克试制出了首架使用 35mm 电影胶片且画面尺寸为电影画面尺寸双倍规格（24mm×36mm）的小型相机原型，命名为 Ur-Leica（徕卡原型），Leica 是 Leitz Camera 的缩写。Ur-Leica 相机（左）和 35mm 胶片的画面尺寸（右）如图 1-6 所示，这款相机大大减小了体积和重量，使摄影主流逐步转向纪实摄影，并迅速被大众接受，开辟了相机发展的新时代。但由于受第一次世界大战的影响，徕卡 I 型相机直到 1925 年才正式生产。

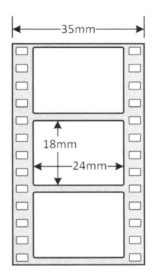

图 1-5　35mm 电影胶片规格

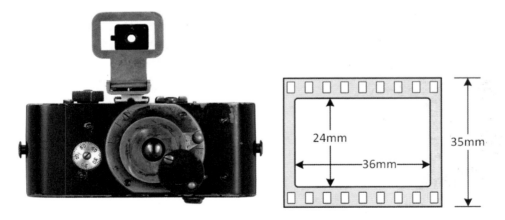

图 1-6　Ur-Leica 相机（左）和 35mm 胶片的画面尺寸（右）

　　徕卡相机诞生的初期并未受到人们的重视，因为当时的胶片颗粒较大，画面尺寸较小，放大效果不是很好。另外，那时 35mm 胶卷的胶片盒与胶片是分开销售的，胶片盒的规格由相机厂家自行定义。用户需要购买胶片盒后，在暗房中将电影胶片的片头剪去，再自行装配、卷片。当时的胶片盒被设计为可重复利用，虽然降低了使用成本，但使用起来较为烦琐，在技术上形成了一道障碍，制约着普通消费群体的使用。尽管如此，徕卡相机因其小巧、方便等一系列优点，仍然显示出了强大的生命力。

1931 年，美国柯达公司在德国开始制造瑞丁纳相机，并配套生产了宽度为 35mm、长度为 160cm、两边打孔的卷状感光胶片胶卷。这种胶卷虽是通用的电影胶片，但其内部装有芯轴，外层包有一段护纸，可在白天装入徕卡式专用暗盒，使用比以前方便。1936 年之后，随着黑白胶片质量的提高，特别是彩色 135 胶卷在市场上出现，原来那种装片方式显然很不适应。因此，从 1938 年起，通用暗盒的 135 胶卷便应运而生了。这种胶卷采用 35mm 的电影胶片（宽度为 35mm），因此，又通称 35mm 胶卷。又因为这种胶卷从徕卡相机开始应用，故又称作徕卡型胶卷。

柯达公司从 1895 年开始研制胶片，第一种胶片编号为 101，至 1916 年依次编至 130。1934 年生产的 24mm×36mm 胶片的编号为 135 号，135 即为此种胶片产品的序列编号。后来大家就公认把 35mm 胶卷称为 135 胶卷，把使用 135 胶卷的相机称为 135 相机。

而现在针对数码相机所说的"全画幅"就是指数码相机传感器的幅面尺寸为 24mm×36mm。

1.4 数码相机的发明

世界上第一台数码相机诞生在美国纽约州罗彻斯特市的柯达应用电子研究中心，时间是 1975 年，由柯达公司的史蒂文·赛尚发明，赛尚也因此被称为"数码相机之父"。

1973 年的一天，柯达公司的一位主管和赛尚进行了一次简短的交谈，提到有一种硅材料能够感光，这对赛尚触动很大。赛尚是一个相机爱好者，一直以来都希望设计和制造一台全电子相机。当时，他正在开发一个"手持电子相机"的项目，这个项目是在传统相机的基础上开发出一种不依靠胶卷，直接通过感光元件记录影像的相机。但他遇到了瓶颈——如何才能把光学影像转化为数字信号。硅材料的提示让赛尚想到了 CCD（电荷耦合器件）。CCD 诞生于 1969 年的贝尔实验室，是一种能够实现把光学影像转化为数字信号的元件，它的发明为数码相机的诞生奠定了基础。

图 1-7 史蒂文·赛尚和第一台数码相机

1975 年，赛尚使用美国飞兆半导体公司的 CCD 图像传感器研制了第一台数码相机，如图 1-7 所示，并通过这台相机拍摄到了 10 000 像素的黑白反转影像"一个孩子和一条狗"。

该相机的主要技术参数如下。

- 尺寸：8.25 英寸长，6 英寸宽，8.9 英寸高（20.9cm×15.2cm×22.5cm）。
- 重量：8.51 磅（约 3.9 千克）。

- 电源：16 节 AA 电池。
- 影像分辨率：100 像素×100 像素，4 位灰度。
- 影像传感器：Fairchild 201100 型 CCD 阵列。
- 磁带记录机：Melodyne 低功耗数码磁带记录机。
- 存储设备：标准 300 英尺飞利浦数码磁带。
- 曝光时间：50ms。
- 记录一张影像的时间：23s。
- 记录密度：423 位/英寸。
- 影像容量：每盒磁带存储 30 张照片。

赛尚使用的图像显示装置如图 1-8 所示，左边是盒式磁带机，中间是微型计算机，右边是电视机。电视显示的图像是"一个孩子和一条狗"。

图 1-8　赛尚使用的图像显示装置

当时，柯达公司在"手持电子相机"项目的最后总结中写道："创造出了一部无胶卷手持照相机，通过电子方式拍摄黑白影像，并将它们记录到不太昂贵的音频级盒式磁带机上。磁带能从相机取下，并插入播放设备，以便在电视上观看。"

从 20 世纪 70 年代末至 80 年代初，柯达公司获得了 1 000 多项与数码相机有关的专利，奠定了数码相机的架构和发展基础，让数码相机一步步走向实用。1995 年，柯达公司发布了首款民用消费型数码相机柯达 DC40 如图 1-9 所示，标志着数码相机民用市场的启动。

从 20 世纪 50 年代开始，日本的公司把电子技术逐步带入摄影领域。他们运用计算机设计出了优秀的镜头和光学系统，改进了使用 35mm 胶片的高品质相机。同时，他们还利用由

图 1-9　首款民用消费型数码相机柯达 DC40

美国的计算机行业和航天工业所发展起来的微电子学和计算机芯片，设计出了高灵敏测光系统、自动曝光和自动聚焦系统，推动了数码相机技术的发展。

在这之后，柯达、索尼、尼康、佳能、徕卡、哈苏、富士等公司相继推出了多种型号的数码相机，并逐步取代了胶片相机。数码相机的传感器尺寸和像素数也随着技术的不断进步有了质的飞跃。

目前，用于无人机航空摄影或倾斜摄影的数码相机传感器的画幅主要有中画幅、全画幅、APS画幅等几种，几种常见的数码相机传感器的尺寸如图1-10所示（图中的百分数为各数码相机传感器面积与35mm全画幅数码相机传感器面积之比）。一般来说，数码相机传感器的画幅越大具备的像素数量越多，而在相同像素数量下，更大画幅的数码相机传感器也会带来更好的成像质量。数码相机传感器的画幅越大，相机的重量也就越大，价格也就越高。中画幅数码相机传感器的像素数量可以达到5 000万～1亿，35mm全画幅数码相机传感器的像素数量一般在2 400万～5 000万，APS画幅数码相机传感器的像素数量一般在1 600万～2 400万。

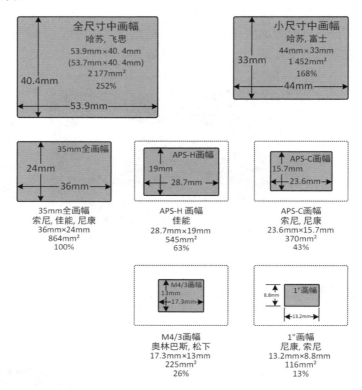

图1-10　几种常见数码相机传感器的尺寸

对航空摄影和倾斜摄影来说，为了保证影像质量，数码相机传感器的画幅不应小于APS画幅，像素数量不应低于2 400万。

1.5　航空摄影的发展

最早尝试在空中对地面进行摄影的是法国摄影师纳达尔，1858年纳达尔成功地从热气球上拍摄了第一张航空摄影照片，但并未留存下来。

继纳达尔之后，人们不断地探索利用各种类型的飞行器和相机从空中对地面进行摄影，以满足不同的需求。早期的航空摄影几乎都是由飞行员或专业的摄影师手持笨重的照相机进行拍摄的，并没有专门用于空中摄影的装置，因此航空摄影的照片多数是倾斜摄影照片。除了少量的空中摄影属于娱乐和商业用途，更多的则是为了军事目的进行的空中侦察。由于倾斜摄影可以在远离敌方阵地的空中进行摄影，且倾斜摄影照片比垂直摄影照片具有更好的判读效果，因此更加适合对敌方阵地进行侦察。倾斜摄影照片一直作为观赏、全景俯瞰、侦察、制图、调查等应用模式存在。纳达尔及其航空摄影宣传画如图 1-11 所示。

而现存最早的航空摄影照片，可能是由摄影师詹姆斯·华莱士·布莱克与热气球先驱塞缪尔·阿切尔·金于 1860 年 10 月在热气球上拍摄的，这张照片名为"Boston, as the Eagle and the Wild Goose See It"（波士顿，如鹰和大雁所见）。这张波士顿航空摄影照片就是一张典型的倾斜摄影照片，如图 1-12 所示。拍摄时热气球的飞行高度是 630m。

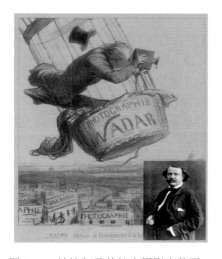
图 1-11　纳达尔及其航空摄影宣传画

图 1-12　波士顿航空摄影照片

第一次世界大战（1914—1918 年）期间，航空摄影成为军事侦察的重要手段之一。参战国配备了多种类型的热气球、飞机并搭载了航空相机，用于对敌方阵地进行航空摄影，以了解和掌握对方阵地的形态和部队的部署。第一次世界大战期间美国的一支热气球航空摄影队和所使用的航空摄影机如图 1-13 所示，第一次世界大战期间使用飞机进行航空摄影的情景如图 1-14 所示。

图 1-13　第一次世界大战期间美国的一支热气球航空摄影队和所使用的航空摄影机

图 1-14　第一次世界大战期间使用飞机进行航空摄影的情景

　　航空摄影的主要目的是绘制地形图。为了提高绘图的精度，降低了绘图装置的复杂度，逐步形成了一系列以垂直摄影照片为基础的地形图测绘方法和技术标准，即航空摄影测量学。而航空摄影也逐步成了现代测绘技术的一个重要组成部分。

　　2000 年以前的测绘航空摄影，主要使用的是大画幅的胶片航空相机，包括早期的18cm×18cm 画幅和后期的 23cm×23cm 画幅。2000 年以后，随着多种数码航空相机的推出和数字影像处理技术的不断进步，无论是线阵 CCD 推扫式、多面阵 CCD 拼接式的数码航空相机，还是单一面阵 CCD 的专业数码航空相机，其作业效率和影像质量已经明显超越了传统的胶片航空摄影机。2014 年以后，我国基础的测绘工作已经全面采用数码航空相机来获取地形图生产所需的航空影像。

　　与此同时，更多的测绘单位和用户，对民用数码相机在测绘领域的应用进行着持续的探索和研究，特别是伴随着无人机应用的推广，使得从高分辨率航空影像的获取逐步过渡到了以无人机（无人驾驶飞行器）为主要飞行平台的全新时代。

　　虽然民用数码相机传感器的尺寸较小，无人机平台的稳定性不高，但是凭借使用的便利性和较高的性价比，以及随着相关影像处理软件和数字摄影测量软件的持续改进，利用无人机和民用数码相机进行高分辨率航空摄影和大比例尺（1:500～1:2 000）的地形图测绘已成为当前的主要测绘方法。而以建立精细地表三维模型为目的的倾斜摄影三维建模技术的出现，又进一步提高了无人机和民用数码相机在测绘领域中的地位。

1.6　关于倾斜摄影

　　倾斜摄影是航空摄影的一种方法，也称为倾斜航空摄影。进行倾斜摄影时，相机（或航摄仪）的主光轴与铅垂线保持特定的倾斜角度和方向，对地面进行摄影，以获取具有一定倾斜角度（相机的主光轴与投影中心垂线方向的夹角）的倾斜影像（照片）。至于倾斜多少度就算是倾斜摄影，并无具体的规定，垂直摄影（中）和倾斜摄影（左和右）如图 1-15 所示。

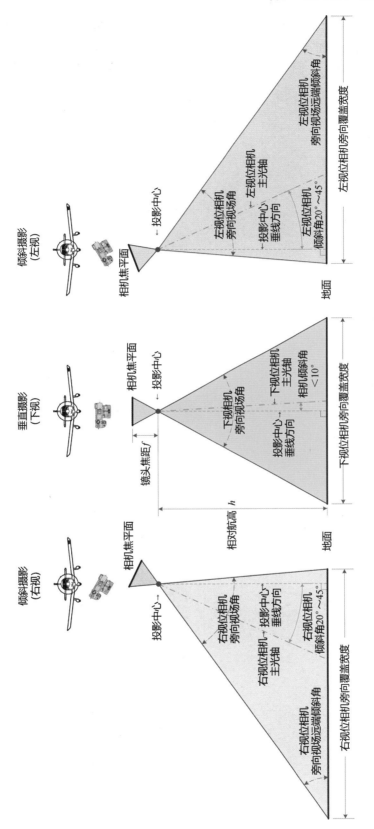

图 1-15 垂直摄影（中）和倾斜摄影（左和右）

　　倾斜摄影分为高倾斜角摄影和低倾斜角摄影两类。高倾斜角摄影的倾斜角一般在 45° 以上，影像中会出现明显的地平线；低倾斜角摄影的倾斜角一般在 45° 以下，影像中不会出现地平线。用于建立地表三维模型的倾斜摄影一般采用低倾斜角，倾斜角度约为 20°～45°。

第2章 适用于倾斜摄影的飞行器

与常规的航空摄影相同，以建立精细地表模型为目的的倾斜摄影，需要将倾斜摄影系统搭载在距地面一定高度的有人驾驶或无人驾驶的飞机上，按设计的飞行航线获取指定区域的倾斜航空影像。一般来说，常规航空摄影所使用的飞机可以用于倾斜摄影。选择飞机时需要考虑摄影地区、倾斜摄影系统、作业成本、作业周期、倾斜影像的使用方式等多种因素。

2.1 有人驾驶飞机

目前，国内航空摄影作业使用的有人驾驶飞行器主要是中小型固定翼飞机，如运-5 系列、运-12 系列、"奖状"系列、"空中国王"B200 型、塞斯纳 208B 型、皮拉图斯 PC-6 型等。据不完全统计，截至 2017 年，国内有近 20 家单位可以提供航空摄影飞行服务，正在使用的航空摄影飞机有 50 架左右。

有人驾驶飞机具有飞行稳定、载重大、续航时间长、飞行作业效率高等优点，但也存在空域协调难度大、飞行成本高、作业周期较长、灵活性较差等不足。

2.1.1 运-5 系列飞机

运-5 系列飞机是中国第一种自行制造的运输机，是由中国航空工业南昌飞机制造厂生产的多用途单发双翼运输机。运-5 原型机是按照安东诺夫设计局设计的安-2 型飞机的图纸资料进行设计的，于1957 年 12 月定型并首飞，于 1957 年 12 月 23 日获批准成批生产。1970 年 5 月，运-5 系列飞机转至石家庄飞机制造公司继续生产。运-5 系列飞机已经累计生产超过了 1 000 架，成为我国生产批量最大、生产时间最长、飞行作业时间最多的通用航空机种。运-5B 型飞机如图 2-1 所示。

图 2-1 运-5B 型飞机

运-5 系列飞机采用半硬壳式金属结构、后三点固定式起落架、普通双翼气动布局，其起落架使用大行程油液减震器和低压轮胎，可以在简易机场上起降。运-5 系列飞机是一种多用途飞机，具有性能良好、经济性好、使用维护简单、安全可靠等特点。该机不仅能低空飞行，用于农业的灭蝗杀虫、播种、施肥，森林防护灭火，地质勘查、医疗救护、民航客货运输、伞兵训练和跳伞运动等，而且飞机在加装涡轮增压器后，还能够进行高空飞行，用于探测高空大气和航空摄影。

运-5 系列飞机主要有货运型、客运型、农业型、跳伞和空中支援型、救护型等。目前，许多运-5 系列飞机的改进型还活跃在农业、林业和其他行业中。运-5 系列飞机的另一个优点就是它可以以非常低的速度稳定飞行，飞行费用低廉，且起飞距离最短为 170m。运-5 系列飞机至今仍是中国常见的通用航空机种之一。

运-5 系列飞机（标准型）的最大平飞速度为 256km/h，巡航速度为 160km/h，最大爬升率为 2.7m/s，实用升限为 4 500m，航程为 845km，续航时间为 6 小时 10 分钟，空重为 3 367kg，最大起飞重量为 5 250kg，最大载重量为 1 500kg。

2.1.2 运-12 系列飞机

运-12 系列飞机是由中航工业哈尔滨飞机工业集团有限责任公司（简称：中航工业哈飞）在运-11 系列飞机的基础上研制的轻型双发多用途运输机。运-12 系列飞机有运-12Ⅰ型、运-12Ⅱ型、运-12Ⅲ型、运-12Ⅳ型、运-12E 型和运-12F 型等多种型号。

运-12Ⅰ型是运-12 系列飞机的原型机，1980 年开始设计，历时两年，经 1 100 多个飞行小时试飞后定型。1982 年首次试飞成功后，该型飞机只生产了两架。

运-12Ⅱ型是运-12 系列飞机的首批量产型飞机，该型飞机于 1984 年 5 月首飞成功。

运-12Ⅲ型是在运-12Ⅱ型飞机的基础上研制的军用运输型飞机，主要是作为部队进行跳伞训练的空投空降型飞机，可用于伞兵训练。

运-12Ⅳ型飞机是一种轻型多用途飞机，采用双发、上单翼、剪切翼尖、单垂尾、固定式前三点起落架的总体布局，如图 2-2 所示。运-12Ⅳ型飞机实际上是中航工业哈飞生产的、以外销为主的 19 座轻型多用途飞机，适用于客货运输、人工降雨、农林作业、海洋监测、地质勘探、航空摄影、空投空降、航空救护、航空旅游等领域。运-12Ⅳ型飞机最大的起飞重量为 5 300kg，最大商务载重为 1 700kg，最大平飞速度为 328km/h，经济巡航速度为 292km/h，航程为 1 340km，实用升限为 7 000m。

图 2-2 运-12Ⅳ型飞机

运-12E 型飞机是在运-12Ⅳ型飞机的基础上，为适应高温高原环境而设计制造的。运-12E 型飞机于 2001 年 12 月 31 日取得了中国民用航空局（CAAC）的型号合格证。

运-12F 型飞机是中航工业哈飞采用先进技术研发的新一代通用/支线涡桨飞机，如图 2-3 所示。该型飞机和运-12 早期型号的飞机关系其实不大。该型飞机于 2010 年 12 月 29 日首飞，于 2015 年 12 月 10 日获得中国民用航空局（CAAC）型号合格证，于 2016 年 2 月 22 日获得美国联邦航空管理局（FAA）型号合格证。运-12F 型飞机可广泛应用于客货运输、海洋监测、空投伞降、航空摄影、地质勘探、医疗救护、人工降雨等领域。运-12F型飞机最大起飞重量为 8 400kg，最大商务载重为 3 000kg，经济巡航速度为 400km/h，满油最大航程为 2 255km，最大升限为 7 000m，可运载 19 名乘客或装载 3 个 LD3 标准集装箱。

图 2-3　运-12F 型飞机

2.1.3　"奖状"系列飞机

1982 年 6 月，航空工业部试飞院（现中国飞行试验研究院）率先引进了"奖状"系列飞机，用于飞行试验，并开展了航空摄影业务，改变了我国民用航空摄影没有专用和高空飞机的历史。这也为后来更多单位引进专用的航空摄影飞机提供了有益的借鉴。

中国科学院于 1980 年正式向国家有关部门递交请求配备高空遥感飞机的报告。1984 年，当时的国家计委批准了中国科学院引进两架"奖状"系列飞机的报告，1985 年中国科学院航空遥感中心成立。1986 年 6 月，中国科学院引进的两架性能先进的"奖状"S/II 型飞机正式投入运行，如图 2-4 所示。

图 2-4　"奖状"S/II 型飞机

"奖状"S/II 型飞机的最大航程为 3 300km，航高为 13 000m，载重为 1 400kg，巡航速度为 746km/h，具有全天候飞行作业的能力。

2.1.4　"空中国王"B200 型飞机

1986 年，我国引进了 3 架"空中国王"B200 型飞机，机号分别为 B-3551、B-3552、B-3553。其中，B-3551 飞机和 B-3552 飞机专门用于航空摄影。

"空中国王" B200 型飞机如图 2-5 所示。它的引进既解决了当时高空航空摄影专用飞机数量不足的问题,为当时的 1:50 000 和 1:10 000 地形图测绘提供了可靠的保障,也对测绘部门开展大面积地形图测绘所需的航空摄影工作起到了促进作用。

图 2-5 "空中国王" B200 型飞机

"空中国王" B200 型飞机的最大起飞重量为 5 670kg,最大商载为 1 064kg,高速巡航速度为 535km/h,航程为 3 095km,实用升限为 10 668m。

2.1.5 赛斯纳 208B 型飞机

虽然"奖状"系列飞机和"空中国王"系列飞机具有高空高速的优点,但是其定位是公务飞机和私人飞机,因而对通用航空来说,飞机价格和运营成本较高,也不适应大比例尺航空摄影的需要。因此,后来引进从事航空摄影的飞机主要以小型单发涡桨飞机为主,包括赛斯纳 208B 型飞机、皮拉图斯 PC-6 型飞机等。

赛斯纳 208B 型飞机如图 2-6 所示,它是美国赛斯纳飞行器公司于 1984 年开始生产的一种以涡轮螺旋桨发动机驱动的多用途小型飞机,被广泛应用于军事、货运、民航等方面。

图 2-6 赛斯纳 208B 型飞机

赛斯纳 208B 型飞机的空重为 1 979kg,最大起飞总重为 3 969kg,最大可用载重为 2 005kg,最大巡航速度为 341km/h,最大航程为 1 680km,实用升限为 7 224m。

2.1.6　皮拉图斯 PC-6 型飞机

皮拉图斯 PC-6 型飞机如图 2-7 所示，它是一款坚固耐用的通用飞机，其特点是多功能性和出色的短距起飞及着陆性能。皮拉图斯 PC-6 型飞机的最大巡航速度为 232km/h，基本空重为 1 250～1 400kg，最大起飞重量为 2 800kg，最大有效载荷约 1 200kg。

图 2-7　皮拉图斯 PC-6 型飞机

2.1.7　其他类型的有人驾驶飞行器

除了固定翼飞机，早期也有使用有人驾驶直升机、超轻型三角翼等飞行器搭载大型倾斜摄影设备进行倾斜摄影。但受到安全性和生产效率的影响，这类飞行器在航空摄影和倾斜摄影中并没有得到普遍应用。

2.2　有人驾驶飞机的局限性

现代倾斜摄影是以有人驾驶飞机搭载大型数码倾斜摄影系统开始的，其初衷是为了获取建筑物的侧面纹理。后来，随着三维城市建模工作的需要，倾斜影像逐步成为建筑物侧面纹理的重要来源之一，主要用于对人工采集的建筑物结构模型或激光扫描获取的建筑物轮廓进行纹理采集和粘贴。此时，对倾斜影像的地面分辨率要求不高，达到 10～20cm/px 即可。

与常用的航空摄影系统相似，大型倾斜摄影系统一般由多相机传感器系统、存储控制系统、陀螺平台等组成，重量通常超过 40kg。倾斜摄影系统所使用的数码相机的镜头焦距通常在 50～80mm，其快门速度在 1/200～1/800s，曝光周期一般在 2～3s。而在进行大比例尺航空摄影时，飞机的安全飞行高度一般在 500～800m，飞行速度在 180～300km/h。在这样的高度和速度下飞行，倾斜影像的地面分辨率一般在 8～10cm/px，很难超过 7cm/px。

随着倾斜影像自动三维建模软件的不断发展，倾斜摄影的主要目的逐步转化为自动建立精细地表三维模型，而建立具有足够精度和良好视觉效果的地表三维模型的前提就是要获取高分辨率的倾斜影像。从目前的成果来看，要保证三维模型具有较好的视觉效果和足够的测量精度，倾斜影像的地面分辨率应优于 5cm/px。

而有人驾驶飞机由于飞行高度较高、速度较快，很难获取地面分辨率优于 5cm/px 的倾斜影像。再加上飞行速度较快，大型倾斜摄影系统的曝光时间较长，难以有效控制像点位移，对影像的清晰度有较大的影响。因此，从技术上说，有人驾驶飞机并不适合采用自动

三维建模软件，以建立精细地表三维模型为目的的倾斜摄影飞行。

与飞行高度较高、飞行速度较快相比，过于严格的空域管控也是影响有人驾驶飞机执行航空摄影和倾斜摄影任务的限制因素。但在一些对飞行安全有极高要求的区域、气候和地理环境不适合无人机飞行的区域，如大中城市的中心城区、高差较大的山区、经常出现大风的区域、雨雪天气、高原高寒地区等，有时只能使用有人驾驶飞机执行倾斜摄影的飞行任务。

2.3 多旋翼无人机的兴起

2010 年前，航空摄影使用的无人机主要是以汽油发动机为动力的固定翼飞机。这类飞机不仅价格高，而且操作难度大，操作人员需要经过较长时间的训练。

从 2011 年开始，以深圳市大疆创新科技有限公司为代表的消费级无人机公司，开始不断推出多旋翼控制系统及地面站系统、多旋翼飞行器、轻型多轴飞行器，以及众多飞行控制模块等，大大降低了多旋翼无人机的制造成本和使用难度，并使得无论是消费级多旋翼无人机还是工业级多旋翼无人机都得以普及，极大地激发了专业用户使用多旋翼无人机进行倾斜摄影的兴趣。

过去对倾斜摄影的一般认识是必须使用五镜头的倾斜摄影系统，即便是使用当时最轻的无反相机（微单相机），整个倾斜摄影系统的重量也超过了 3kg，其体积和重量都难以在轻型的多旋翼或固定翼无人机上使用，只能选择搭载在具有较大载重能力的多旋翼无人机上使用。

多旋翼无人机的动力是锂电池，锂电池的续航时间与无人机的起飞重量直接相关。多旋翼无人机的续航时间和起飞重量等指标一般是按照特定的任务和负载需求进行设计的，按照 2017 年制造多旋翼无人机的材料和电池能量等相关情况，多数多旋翼无人机在标准载重的情况下，其续航时间一般在 20min 左右。

多旋翼无人机按轴数分为三轴、四轴、六轴、八轴甚至更多轴数，而按旋翼个数可分为三旋翼、四旋翼、六旋翼、八旋翼等。通常情况下，多旋翼无人机的轴数和旋翼数量是相同的，但也有不同的，如三轴六旋翼、四轴八旋翼等。三轴六旋翼无人机是在三个轴的每个轴上下各安装一个电机构成六旋翼，四轴八旋翼无人机则是在四个轴的每个轴上下各安装一个电机构成八旋翼。常用的多旋翼无人机是四轴四旋翼、四轴八旋翼、六轴六旋翼和八轴八旋翼。

无论是按轴数分类，还是按旋翼数量分类，对多旋翼无人机来说，电机的数量与旋翼的数量都是相同的，不同的是无人机的结构和旋翼布局。至于采用什么样的结构和布局，则主要是根据实际的需求。

从稳定性上看，多旋翼无人机的旋翼数量越多，飞行稳定性越好。八旋翼好于六旋翼，六旋翼好于四旋翼。一方面，对于一个运动特性确定的飞行器来说，能参与控制的量越多，越容易得到好的控制效果；另一方面，旋翼数量越多，动力系统对故障的容忍性能力越好。通常情况下，八旋翼可以容忍有两个旋翼同时出现故障（停转、动力下降等），六旋翼可以容忍一个旋翼出现故障，而四旋翼则在任何一个旋翼出现故障时就会失控。

然而，多旋翼无人机为什么在个别旋翼出现故障的情况下，依然可以保持飞行状态呢？

其原因在于：四旋翼以下的飞行器作为一个欠驱动系统（Under Actuated System）是没有动力冗余（Power Redundancy）的。当一个旋翼出现故障时，无人机就损失了总动力的 25%，且需要额外的动力来抵消其他旋翼产生的反扭力矩，自然会造成飞行失控；而六旋翼以上系统是完整驱动系统（Full Actuated Systems），同样损失一轴动力的情况下，八旋翼只损失了总动力的 12.5%，六旋翼也只损失了约 17%，动力损失较小，对飞行操控的影响有限，可以较好地保证飞行安全。

2.3.1　三轴三旋翼无人机

对于多旋翼无人机而言，三轴三旋翼是最精简的布局，也被称为 Y3 布局，如图 2-8 所示。3 个旋翼呈 120°夹角，旋翼处于同一高度平面，旋翼的结构和半径都相同，支架中间的空间安放飞行控制计算机和外部设备。为了抵消旋翼产生的反扭力矩，三轴三旋翼无人机一般是在尾部电机处增加一个舵机，在飞行过程中，通过控制桨叶倾斜的角度来产生水平分力，以抵消不平衡的反扭力矩。三轴三旋翼无人机的桨叶转动方向可以全部是逆时针（CCW），也可以有顺时针（CW）方向旋转。

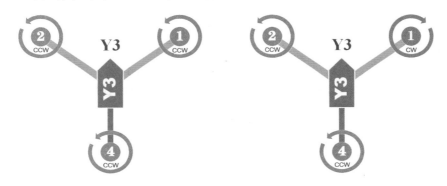

图 2-8　三轴三旋翼无人机布局示意图

虽然三轴三旋翼无人机的结构简单，但也由于其结构的非对称性，使得飞行的稳定性较差，一般仅作为娱乐或技术验证使用。

图 2-8 中电机的编号和旋翼的旋转方向仅供参考，实际应用时，需要按照不同品牌的飞控接入要求进行连接。

2.3.2　三轴六旋翼无人机

为了发挥三轴三旋翼无人机结构简单的特点，有一种采用共轴反桨方式设计的三轴六旋翼无人机。这种无人机采用三组共轴旋翼，每组共轴旋翼设计为上、下旋翼，二者背靠背同轴心安装，让上旋翼和下旋翼转速相同、旋转方向相反，可平衡共轴旋翼反扭矩。

三轴六旋翼的布局有 Y6a（Old Y6）、Y6b（New Y6）、Rev Y6 这 3 种形式，如图 2-9 所示。在实际使用时，使用较多的是 Y6b 结构，即上面的 3 个旋翼按照正面向上、顺时针旋转进行安装，下面的 3 个旋翼按照正面向上、逆时针旋转进行安装，这样在安装时不容易出错。

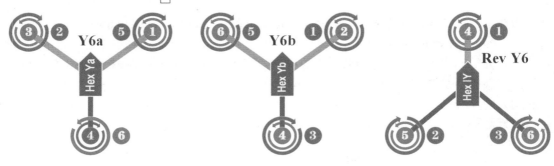

图 2-9　三轴六旋翼无人机布局示意图

采用共轴旋翼设计的原因如下。

（1）旋翼数量的增加和飞行器的几何尺寸是成正比的。旋翼数量多了，每个旋翼之间的距离也会缩减。四轴飞行器每隔 90°放置一个旋翼，六轴飞行器每隔 60°放置一个旋翼，八轴飞行器每隔 45°放置一个旋翼。在外形尺寸相同的情况下，要达到同样的拉力，旋翼直径就会减小，而且要保证各旋翼位置不会互相打桨。而轴数越少，旋翼的尺寸就可以越大，整机结构的尺寸就可以更小，空间使用率也会提高。

（2）轴数越多，多旋翼飞行器的折叠收纳就越成问题。六轴多旋翼尚且可以折叠，八轴多旋翼就很难折叠了。即使是简单地拆掉旋翼支臂，轴数越多，现场组装需要花的时间也就越多。由于多轴旋翼飞行器有旋翼安装顺序的要求，轴数越多就意味着安装出错的概率越高。相反，轴数越少，越好携带，有利于存储和运输，而且使用越方便。

（3）在机体尺寸相同的情况下，轴数越少，桨叶尺寸可以更大，效率更高，留空时间可以更长，而且抗风能力也更好。虽然共轴的形式会造成效率损失，但可以通过使用大尺寸的螺旋桨和低 KV 值的电机来弥补。

2.3.3　四轴四旋翼无人机

四轴四旋翼无人机是拥有最经典结构的多旋翼无人机，有"+"形布局、"×"形（X 形）布局、"H"形（H 形）布局等多种形式，如图 2-10 所示。"+"形布局的无人机，其前进方向与四轴其中的一个电机是一样的（飞控板上的箭头指向其中一个电机）；而"×"形布局的无人机，其飞控板上箭头指的方向则是两个电机的中间方向。

四轴四旋翼无人机的 4 个旋翼对称分布在机体的前、后、左、右 4 个方向，4 个旋翼处于同一高度平面，旋翼的结构和半径都相同，4 个电机对称安装在飞行器的支架端，支架中间的空间安放飞行控制计算机和外部设备。

"+"形布局的无人机适合新手使用，因为能明辨头尾，飞控做起来也相对容易。而"×"形布局则操控更灵活，因为由 4 个电机来调整飞机的姿态，调整的力量更大，反应也更加迅速。

四轴四旋翼无人机的结构对称，操作稳定性和飞行稳定性较好，是目前消费级多旋翼无人机最常采用的结构之一。但对航空摄影来说，因其负载重量有限，难以挂载航空摄影或倾斜摄影使用的单反相机或微单相机，再加上缺少冗余动力，难以保证高频度飞行的可靠性和安全性，因而在航空摄影或倾斜摄影中也较少使用，但非常适合技术验证和飞行练习。

图 2-10　四轴四旋翼无人机布局示意图

2.3.4　四轴八旋翼无人机

与三轴六旋翼无人机类似，四轴八旋翼无人机采用四组共轴旋翼，每组共轴旋翼设计为上、下旋翼，二者背靠背同轴心安装，让上旋翼和下旋翼转速相同、旋转方向相反，可平衡共轴旋翼反扭矩。四轴八旋翼无人机布局示意图如图 2-11 所示。

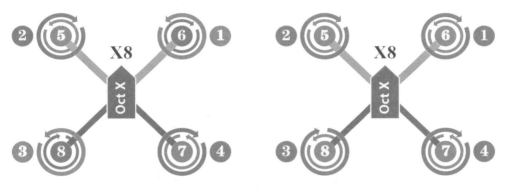

图 2-11　四轴八旋翼无人机布局示意图

采用四轴八旋翼无人机的主要目的是在有限的结构尺寸的限制条件下，通过增加旋翼的数量来提高升力，进而增加有效载荷和抗风能力。

2.3.5　六轴六旋翼无人机

六轴六旋翼无人机是目前航空摄影或倾斜摄影应用中采用最多的无人机之一，它具有结构对称、布局多样、飞行稳定、操作灵活、负载较大、抗风能力强、安全性较好等优点，可以较好地适应倾斜摄影作业对无人机低空、低速、小型、大载荷、高频次飞行的要求。

六轴六旋翼无人机有"+"形布局、"∨"形布局、"H"形布局等多种形式。六轴六旋翼无人机布局示意图如图 2-12 所示。最常采用的是"∨"形布局的六轴六旋翼无人机。

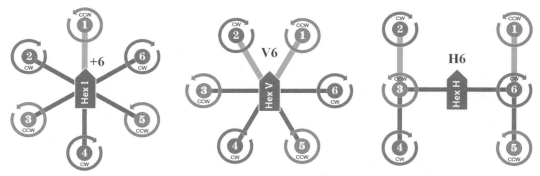

图 2-12 六轴六旋翼无人机布局示意图

2.3.6 八轴八旋翼无人机

八轴八旋翼无人机对于提高无人机的操控性并没有实际的帮助，其主要目的是增加载荷重量和动力冗余。

八轴八旋翼无人机有"+"形布局、"∨"形布局等多种形式。八轴八旋翼无人机布局示意图如图 2-13 所示。最常采用的是"∨"形布局的八轴八旋无人机。对于八旋翼无人机来说，为了缩小无人机的尺寸，并使用较大尺寸的螺旋桨，也可以采用分层的方式（四个相隔的旋翼处于同一高度的平面，而另外四个旋翼处于另一高度的平面）来安置旋翼。

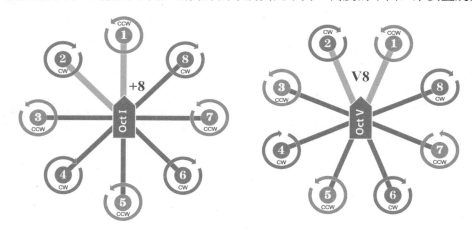

图 2-13 八轴八旋翼无人机布局示意图

2.3.7 多旋翼无人机构成

虽然多旋翼无人机的轴数、旋翼数、布局形式、结构方式、材料种类等多有不同，但就其基本组成来说是相似的。现在以一架六轴六旋翼无人机为例，简单介绍多旋翼无人机的构成。

六轴六旋翼无人机倾斜摄影系统示意图如图 2-14 所示。这是一款以碳纤维板材和碳纤维管材为主要结构件的六轴六旋翼无人机，搭载了双相机的三相位摆动式倾斜摄影系统，采用了六轴六旋翼无人机典型的"∨"形布局，具有结构简单、易于制作、拆装方便、维修便捷等特点。起飞重量约为 6.8kg，续航时间为 20min。

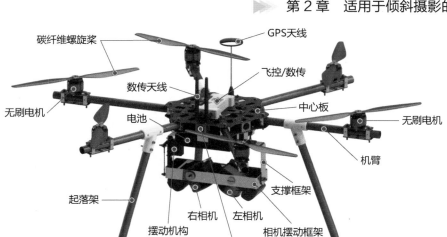

图 2-14　六轴六旋翼无人机倾斜摄影系统示意图

六轴六旋翼无人机主要由以下几个部分构成。

（1）机架（机身）：将无人机的各部分连接成一个整体的主干部分，机架内可以装载必要的控制机件、设备和能源等，一般包括中心板、机臂、起落架、连接件等。

（2）起落架：供无人机起飞、着陆和停放的装置。

（3）动力系统：是无人机在飞行时产生升力的装置，包括螺旋桨、无刷电机、电子调速器（电调）等。

（4）控制系统：是无人机实现一系列指令动作、反馈和收发信息的主要装置，包括飞行控制器、数传天线及收发系统、GPS 天线及接收系统、遥控器等。

（5）电池组：为无人机提供飞行动力的装备。目前，多旋翼无人机配置的电池为高性能锂聚合物电池。

（6）载荷：任务载荷，如双相机三相位摆动式倾斜摄影系统等。

一款以碳纤维板材和碳纤维管材为主要结构件的八轴八旋翼无人机，如图 2-15 所示。八轴八旋翼无人机的结构特点是采用上下两层桨叶平面，相邻桨叶不在同一平面上，且机臂可以快速折叠，使得无人机的结构尺寸和收纳尺寸更小，便于携带和运输。

图 2-15　八轴八旋翼无人机示意图

2.4　多旋翼无人机的设计和选型要求

倾斜摄影的主要用途是建立精细的三维地表模型。而采用倾斜摄影三维建模软件自动

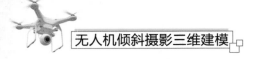
建立精细三维地表模型的效果，主要取决于两个因素：一是影像地面分辨率和影像质量；二是倾斜影像对建模区域的覆盖率。

影像地面分辨率和影像质量取决于无人机的飞行高度、镜头焦距、数码相机成像质量等因素。飞行高度越低、镜头焦距越长，影像地面分辨率就越高，所建立三维模型的精确程度就越高；数码相机的传感器尺寸越大、曝光时的快门速度越快，影像质量就越好，三维模型的精细程度也就越好。

而倾斜影像的覆盖率取决于飞行时的航向重叠度和旁向重叠度。航向重叠度和旁向重叠度越大，倾斜影像的数量就越多，相同地物在不同方向影像上成像数量也就越多，影像匹配的成功率和三维模型的恢复程度也会更好。当使用固定式五相机倾斜摄影系统或双相机三相位摆动式倾斜摄影系统进行倾斜摄影时，航向重叠度一般设置为80%，旁向重叠度设置为60%，其所有影像对建模区域的覆盖率平均达到6 000%左右。

对用于倾斜摄影的多旋翼无人机的设计和选型，重点要考虑载荷、续航、自重、维修、运输、抗风等几方面的因素。

（1）载荷要求。倾斜摄影多数使用无反（微单）相机作为传感器，改装集成的固定式五相机倾斜摄影系统的重量一般在1.5～2.5kg，双相机三相位摆动式倾斜摄影系统的重量在1.0～1.5kg，因此多旋翼无人机的有效载荷应大于1.5kg。

（2）旋翼数量。倾斜摄影的区域一般都在建筑物相对密集、人员活动比较多的地区，因此，除了对载荷有一定的要求，对飞行的安全性也有较高的要求。六轴六旋翼无人机和八轴八旋翼无人机是比较适合进行倾斜摄影的多旋翼无人机。

（3）续航要求。续航时间决定了作业效率，受电池能量密度的限制，目前，多旋翼无人机在标准载荷的情况下，设计的续航时间多在20min左右。如果刻意延长每架次飞行的续航时间，会因为电池重量的增加而导致机身自重加大、尺寸增大，带来运输的麻烦并对飞行安全产生影响，而续航时间的增加也非常有限。因此，在目前电池能量密度没有突破性增长的情况下，不宜单纯追求单架次的续航时间，而要在提高单位时间内的飞行架次上做文章。

（4）电池数量要求。倾斜摄影作业会在野外进行高频次的飞行，通常一天飞行10个架次左右。如果每架次飞行需要2块电池，而野外又没有临时充电环境和设备时，则每天作业需要携带20块电池。这不仅需要额外购买很多电池，也会给运输和充电带来很多困难。因此，用于倾斜摄影作业的多旋翼无人机每次飞行最好只用一块电池，每天外出作业携带10块电池。有些无人机厂商推出的每次飞行需使用多块电池的多旋翼无人机，虽然有些技术指标较高，但仅就使用电池的数量这一项指标而言，就基本上确定了这样的无人机是不适合进行倾斜摄影实际作业的。

（5）起飞重量要求。由于多旋翼无人机的续航时间有限，为了尽量利用其有效航程，倾斜摄影作业时的起降地点一般都会选在作业范围区域内。当运输车辆不能到达起降地点附近或作业中需要改变起降地点时，自重较大的无人机不利于徒手搬运。一般来说，用于倾斜摄影作业的多旋翼无人机的起飞重量要控制在10kg以内，最好在7kg以下。

（6）便携性要求。倾斜摄影作业时，一般使用小型轿车、SUV（运动型多用途汽车）、微型面包车等作为运输工具，其行李舱或货箱的尺寸有限，一般宽度在100cm左右，高度在50cm左右。所以，能够快速折叠或拆装，是对多旋翼无人机的一个基本要求，且应考虑要在一辆小型汽车里同时装下两架无人机。

（7）飞行速度。从原则上说，为了减少相机曝光时因无人机运动产生的像点位移，相机曝光时的快门速度越快越好，无人机的速度越低越好。但相机的快门速度一般不会超过1/2 000s，而为了保证一定的作业效率，无人机的速度也不能太低。综合考虑飞行速度、相机快门速度、像点位移三者之间的关系，以及实际三维模型的建模效果，可按照像点位移量最大不超过影像地面分辨率的 25% 来计算无人机的最大飞行速度。

（8）地面站计算机续航时间。作为飞行控制地面站的笔记本，它的续航时间要超过 8h。

（9）维修要求。要能提供易损备件，且能在作业现场进行简单的维修。从满足作业时间要求和维修的便利性上来看，凡是需要返厂维修或因集成度较高导致用户无法自行维修的机架结构，都难以应对在野外环境下高频次作业时可能对无人机带来的损伤。而这一点既要求操作员必须具备对自己所使用的无人机进行常规调试和简单维修的能力，也要求用户在选择无人机时应该考虑其维修的便利性。

（10）天气适应能力。虽然倾斜摄影最好在无风的薄云晴天进行，但气象情况容易经常改变。因此，无人机要具有一定的防潮、抗风和防雨性能。

2.5　固定翼无人机在倾斜摄影中的应用

虽然固定翼无人机在航空摄影中的应用要早于多旋翼无人机，但在倾斜摄影中的应用则是在双相机三相位摆动式倾斜摄影系统出现后，才开始工程化应用的探索。

2.5.1　固定翼无人机倾斜摄影方法

随着多旋翼无人机在倾斜摄影方面的应用日益增长，多旋翼无人机因续航时间短导致作业效率较低的缺陷也逐渐凸显出来。根据测算，使用多旋翼无人机和由两台 APS-C 画幅4 000pt×6 000pt 的无反相机（微单相机）构成的双相机三相位摆动式倾斜摄影系统进行倾斜摄影时，如果按镜头焦距为 20mm、飞行速度为 7.5m/s、飞行高度为 100m、有效续航时间为 16min、影像地面分辨率为 2cm/px 计算，每架次的有效作业面积为 $0.3km^2$ 左右；如果每天飞行 7 个架次，则一架无人机每天仅能完成 $2.1km^2$ 的倾斜摄影任务。如果按镜头焦距为 20mm、飞行速度为 7.5m/s、飞行高度为 250m、有效续航时间为 16min、影像地面分辨率为 5cm/px 计算，每架次的有效作业面积也仅为 $0.7km^2$ 左右；如果每日飞行 7 个架次，则一架无人机每天能完成 $4.9km^2$ 的倾斜摄影任务。

双相机三相位摆动式倾斜摄影系统的原理是通过两个倾斜对置的相机，在飞行过程中进行三相位摆动，实现在一个曝光周期内（后视—下视—前视）获取 6 张不同方向倾斜影像的目的。双相机三相位摆动式倾斜摄影系统出现的意义，不仅在于系统用两台相机达到了 5 台相机获取多角度多方向倾斜影像的效果，更重要的是：倾斜摄影不一定需要 5 台相机同时在一架无人机上进行同时拍照。由此可以得到如下推论。

（1）如果使用一架无人机，搭载一台固定式五相机（前视 45°、后视 45°、左视 45°、右视 45°或垂直 0°）倾斜摄影系统，按照航向重叠度 80% 和旁向重叠度 60% 的航线飞行一次，可以获取 5 个方向的影像。

（2）如果使用一架无人机，搭载一台双相机三相位摆动式倾斜摄影系统，按照航向重叠度80%和旁向重叠度60%的航线飞行一次，可以获取6个方向的影像。

（3）如果使用5架无人机，每架无人机分别只搭载一台朝向某个固定方向（前视45°、后视45°、左视45°、右视45°或垂直0°）的相机，且每架无人机都按照航向重叠度80%和旁向重叠度60%的航线各飞行一次（间隔时间尽可能短），也可以获取5个方向的影像，其结果与一架无人机同时搭载5台相机的结果是一样的。

（4）如果使用一架无人机，每次飞行时分别只搭载一台朝向某个固定方向（前视45°、后视45°、左视45°、右视45°或垂直0°）的相机，按照航向重叠度80%和旁向重叠度60%的航线飞行5次（间隔时间尽可能短），也可以获取5个方向的影像，其结果与一架无人机同时搭载5台相机的结果也是一样的。

那么，针对轻型固定翼无人机续航时间长、安全性高的优点和载荷小的限制，能否利用固定翼无人机、使用双相机或单相机进行倾斜摄影呢？答案是肯定的。

固定式五相机倾斜摄影系统的体积较大、重量较重，需要固定翼无人机有较大的安放空间和载重能力。能搭载固定式五相机倾斜摄影系统的固定翼无人机一般是以汽油发动机为动力的小型无人机。这种无人机的机体自重和尺寸较大，需要合适的起降场地，使用要求较高，价格也普遍较高，难以推广使用。双相机三相位摆动式倾斜摄影系统虽然重量较轻，但由于其结构具有摆动部件，占用的空间较大，且摆动时会影响飞行姿态，再加上固定翼无人机飞行速度较快，导致航向重叠度很难达到要求，因此并不适合搭配固定翼无人机使用。

综上所述，使用固定翼无人机进行倾斜摄影的研究就聚焦于如何使用轻型电动固定翼无人机和双相机或单相机进行倾斜摄影的方法。经过多次飞行试验和对三维模型效果的对比，可以使用固定翼无人机搭载双相机或单相机按照以下3种方法进行倾斜摄影作业。

（1）一架无人机搭载两台相机的加密航线飞行。使用一架固定翼无人机和两台分别朝向飞行方向的左前方和右前方以固定倾斜角度（左相机左视30°+前视30°、右相机右视30°+前视30°）安置的相机，按照航向重叠度80%、旁向重叠度80%进行单次飞行。

（2）一架无人机搭载一台相机的双加密航线飞行。使用一架固定翼无人机和一台朝向飞行方向的左前方以固定倾斜角度（左相机左视30°+前视30°）安置的相机，按照航向重叠度80%、旁向重叠度80%进行第一次飞行；使用同一架固定翼无人机和一台朝向飞行方向的右前方以固定倾斜角度（左相机左视30°+前视30°）安置的相机，按照航向重叠度80%、旁向重叠度80%进行第二次飞行。

（3）两架无人机各搭载一台相机的加密航线飞行。第一架固定翼无人机和一台朝向飞行方向的左前方以固定倾斜角度（左相机左视30°+前视30°）安置的相机，按照航向重叠度80%、旁向重叠度80%进行飞行；第二架固定翼无人机和一台朝向飞行方向的右前方以固定倾斜角度（左相机左视30°+前视30°）安置的相机，按照航向重叠度80%、旁向重叠度80%和相同航线进行飞行。

使用固定翼无人机进行倾斜摄影时，需要特别注意的是尽量缩短相邻航线飞行的时间间隔，以保证相邻航线影像的一致性（包括色调、亮度、反差等）。

2.5.2 适合倾斜摄影的固定翼无人机

适合倾斜摄影的固定翼无人机主要是以电力驱动的超轻型固定翼无人机、轻型复合翼垂直起降无人机、轻型倾转旋翼固定翼无人机、立式垂直起降固定翼无人机为主。因为依靠电力驱动，使得无人机的结构和维护都变得更为简单；因为重量特别轻，使得无人机可以手抛起飞；因为垂直起降，增加了起降场地选择的灵活性。

超轻型固定翼无人机的机体一般采用 EPO 泡沫、碳纤维、玻璃纤维等轻质材料制作，采用电力驱动，具有结构轻、价格低、维修简单、起降灵活等优点，起飞重量一般小于7kg，续航时间 60min 左右。超轻型固定翼无人机产品的结构和型号很多，多数只能搭载一台相机，少数尺寸较大的无人机可以同时安置两台相机。部分超轻型固定翼无人机的结构示意图如图 2-16 所示。

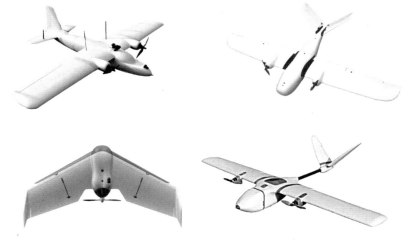

图 2-16 部分超轻型固定翼无人机的结构示意图

起降方式一直是无人机使用过程中普遍遇到的瓶颈，多旋翼无人机起降方便，但续航时间较短；固定翼无人机的航时长，但弹射或者滑跑起降对场地的要求高，无法随时随地起飞。对行业应用而言，多数需要无人机在复杂地形下起飞，且对续航和载荷有较高的要求。因此，复合翼垂直起降无人机应运而生。

复合翼垂直起降无人机（也称为垂直起降固定翼无人机）是近年发展起来的一种新型无人机，其结构是在固定翼无人机结构的基础上，叠加一套垂直升力系统，从而在结构上基本实现了多旋翼和固定翼的优势结合。这种组合是典型的取长补短模式，固定翼无人机续航时间长，但起降需要跑道；多旋翼无人机可垂直起降又能悬停，但续航问题无法解决。把二者结合在一起，实现功能叠加。复合翼垂直起降无人机是一款比较适合倾斜摄影飞行的无人机。

复合翼垂直起降无人机搭载固定翼和多旋翼两套动力系统，在起降及低速状态下按照多轴模式飞行，通过多个螺旋桨产生拉力克服重力和气动阻力进行飞行；而在高速状态下，切换至固定翼模式飞行，通过气动升力克服重力，通过拉力向前的螺旋桨克服气动阻力实现飞行。在其中一套动力系统工作时，另一套基本处于闲置状态，两套动力系统之间采用的是跳转方式切换，对飞行控制的自适应能力有较高的要求。

初期的复合翼垂直起降无人机一般是在原有固定翼无人机结构的基础上，增加一套用于垂直起降的多旋翼系统，虽然实现了垂直起降的功能，但机体结构的整体性较差，系统的耦合度不高。而新出品的复合翼垂直起降无人机，则对机体结构、动力系统、飞控系统等整体上进行了设计，结构更合理，可靠性更高。

成都纵横自动化技术股份有限公司于 2015 年 9 月发布了 CW-20 复合翼垂直起降无人机，其结构如图 2-17 所示。

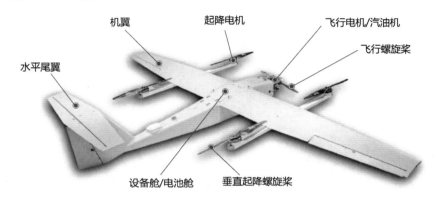

机翼　起降电机　飞行电机/汽油机　飞行螺旋桨　水平尾翼　设备舱/电池舱　垂直起降螺旋桨

图 2-17　CW-20 复合翼垂直起降无人机结构示意图

成都纵横自动化技术股份有限公司于 2016 年 6 月发布了 CW-10 全电动复合翼垂直起降无人机，其结构如图 2-18 所示。CW-10 采用全电动飞行，结构模块化，携带方便，一键起飞，全自动作业，具有 1kg 的有效载荷能力、90min 的续航能力。

轻型的复合翼垂直起降无人机是一款比较适合倾斜摄影飞行的无人机。但目前尚处于发展初期，在飞控上有一定的技术难度，只有少数几家无人机厂家能够生产，价格相对较高。

与复合翼垂直起降无人机相比，倾转旋翼无人机也是一种具有垂直起降功能的无人机类型。

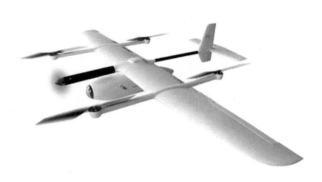

图 2-18　CW-10 全电动复合翼垂直起降无人机结构示意图

倾转旋翼无人机是一种性能独特的旋翼飞行器，可以看作固定机翼和直升机的结合体。它在类似固定翼无人机的结构上安装了两个以上的可在水平位置与垂直位置之间转动的旋翼倾转组件。当无人机垂直起飞和着陆时，旋翼轴垂直于地面，呈横列式直升机飞行状态，并可在空中悬停、前后飞行和侧飞。在空中一定高度时慢慢旋转螺旋桨旋转面和水平面的角度，就可以产生水平力使无人机产生水平方向的运动，达到一定速度时其升力完全由机翼产生。

与有人驾驶的倾转旋翼飞机不同，轻型的倾转旋翼无人机一般会安装 3 套或 4 套倾转旋翼系统，以增强起飞和降落的稳定性。常见的倾转旋翼无人机主要有以下两种机型。

第一种是旋翼转动型倾转旋翼无人机，其结构和飞行方式与复合翼垂直起降无人机基本相同，起飞、降落时旋翼轴转动至与地面垂直，机翼不动，平飞时旋翼轴转动至与地面水平，如图 2-19 所示。

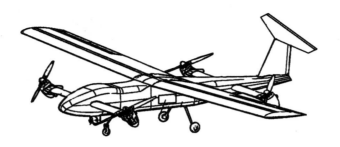

图 2-19　旋翼转动型倾转旋翼无人机结构示意图

第二种是机翼转动型倾转旋翼无人机，起飞、降落时机翼和旋翼一起转动至与地面垂直，平飞时机翼和旋翼又一起转动至与地面水平，如图 2-20 所示。

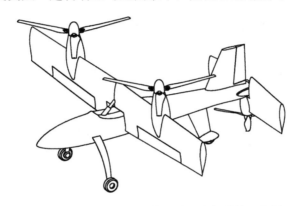

图 2-20　机翼转动型倾转旋翼无人机结构示意图

此外，还有飞翼型倾转旋翼无人机、串列翼倾转旋翼无人机等结构的倾转旋翼无人机。但由于倾转旋翼无人机的控制结构比较复杂，相对于复合翼垂直起降无人机来说可靠性较低，续航时间也没有太大的差异，成熟产品较少，因此在倾斜摄影中较少采用。

针对现有固定翼无人机起降不便、多旋翼无人机续航时间短、复合翼垂直起降无人机动力系统冗余、倾转旋翼无人机驱动结构复杂等缺点，2016 年以后又出现了一种新型的立式垂直起降固定翼无人机（也称为尾坐式垂直起降固定翼无人机）。

立式垂直起降固定翼无人机一般采用双螺旋桨设计、鸭翼布局，具有低速性能好、升力效率高的优点，实现了垂直起降和长久续航。它利用两只螺旋桨及两侧副翼提供了四自由度全姿态油门控制，通过双桨差动实现转向，利用螺旋桨强大的气流为平飞提供升力，同时提高副翼舵面控制效能，为无人机的垂直起飞提供了有效的控制力。

山东翔鸿电子科技有限公司生产的惊鸿 2200 型立式垂直起降固定翼无人机，如图 2-21 所示。

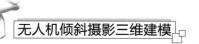

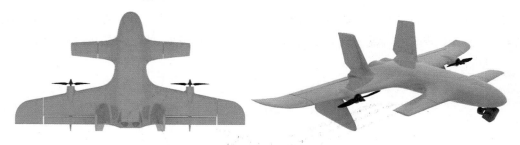

图 2-21　惊鸿 2200 型立式垂直起降固定翼无人机示意图

目前，立式垂直起降固定翼无人机的技术尚不够成熟，其操控性和可靠性有待进一步提高。

2.6　倾斜摄影用无人机选型建议

为了保证三维模型的精度，倾斜摄影应按如下要求进行。

（1）对一般地区而言，影像的地面分辨率要优于 5cm/px，三维模型的精度可以达到 15～20cm；对建筑密集区而言，影像的地面分辨率要达到 2cm/px 左右，三维模型精度的精度可以达到 5～10cm。

（2）航向重叠度要达到 80% 左右，旁向重叠度达到 60% 左右（五相机倾斜摄影系统或双相机摆动式倾斜摄影系统）或者 80% 左右（双相机倾斜摄影系统或单相机倾斜摄影系统）。

（3）无人机运动产生的像点位移值不超过影像地面分辨率的 25%。

（4）单个相机的有效像素数不低于 2 400 万，传感器幅面不小于 APS-C。

基于上述指标，对用于倾斜摄影的无人机的选型有如下要求。

（1）低空：多旋翼无人机的飞行高度为 200m 以下，固定翼无人机的飞行高度为 500m 以下。

（2）低速：多旋翼无人机作业时的飞行速度不超过 10m/s，固定翼无人机作业时的飞行速度不超过 20m/s。

（3）低价：对倾斜摄影而言，无人机就是生产工具，是消耗品，价格应尽可能低，使用应尽可能便捷。

（4）低载荷：载荷重量一般不超过 1.5kg。

（5）轻量：多旋翼无人机的起飞重量应小于 7kg，固定翼无人机的起飞重量应小于 7kg，垂直起降固定翼无人机的起飞重量应小于 10kg。

（6）电动：优先选择锂电池动力的无人机。

（7）适用范围：影像地面分辨率 2cm/px 左右的倾斜摄影只能使用多旋翼无人机，固定翼无人机适合影像地面分辨率 5cm/px 左右的倾斜摄影。

2.7 无人机倾斜摄影作业效率分析

无人机倾斜摄影的作业效率与多种因素有关，包括无人机类型、影像地面分辨率、相机像素数量、操作熟练程度等。

（1）无人机类型。多旋翼无人机飞行速度慢、续航时间短、作业半径小，固定翼无人机飞行速度快、续航时间长、作业半径大。

（2）影像地面分辨率。影像地面分辨率为 1～3cm/px 时，只能使用多旋翼无人机进行作业，影像地面分辨率为 4～5cm/px 时，最好使用固定翼无人机进行作业。

（3）相机像素数量。倾斜摄影系统相机的像素数越高，单张照片的覆盖面积就越大，相邻航线的间距也就越大，航线数量则相应减少。

（4）操作熟练程度。无人机操作员（飞手）的熟练程度越高，每架次起降的时间间隔就会越短，每天的作业效率就会越高。

影像地面分辨率是按照垂直航空摄影的情况计算得出的，而不是倾斜影像的实际分辨率。一般而言，当相机的倾斜角为 30° 时，倾斜影像的实际分辨率为影像地面分辨率的 1.2 倍左右；当相机的倾斜角为 45° 时，倾斜影像的实际分辨率为影像地面分辨率的 1.4 倍左右。

影像地面分辨率的计算公式如下。

$$R = \frac{h}{f} \times \delta$$

式中，R 为影像地面分辨率；h 为相对航高，单位为 m；f 为镜头焦距，单位为 mm；δ 为像元尺寸，单位为 mm。

影像地面分辨率为 2cm/px，这是对建筑密集区域，或者是以人工构筑物（房屋、道路、水坝）等进行三维建模的基本要求。影像地面分辨率为 1～3cm/px 的倾斜摄影只能使用多旋翼无人机进行作业。对于较大区域的三维建模而言，可以按照影像地面分辨率为 5cm/px 进行倾斜摄影。影像地面分辨率为 4～5cm/px 的倾斜摄影，建议使用固定翼无人机进行作业。

使用 2 400 万像素、APS-C 画幅的传感器的无反（微单）相机的倾斜摄影系统和多旋翼无人机进行 2cm/px 倾斜摄影的作业效率可参考表 2-1。

使用 4 200 万像素、全画幅的传感器的无反（微单）相机的倾斜摄影系统和多旋翼无人机进行 2cm/px 倾斜摄影的作业效率可参考表 2-2。

使用 2 400 万像素、APS-C 画幅的传感器的无反（微单）相机的倾斜摄影系统和固定翼无人机进行 5cm/px 倾斜摄影的作业效率可参考表 2-3。

使用 4 200 万像素、全画幅的传感器的无反（微单）相机的倾斜摄影系统和固定翼无人机进行 5cm/px 倾斜摄影的作业效率可参考表 2-4。

表 2-1 多旋翼无人机倾斜摄影作业效率计算表（一）

任务区参数	任务区参数					任务区范围示意图
	任务区南北跨度（m）	任务区东西跨度（m）	任务区面积（km²）	倾斜摄影实际飞行面积（km²）	航线敷设方向	
	5 000	2 000	10.0	13.0	东西方向	

相机参数	相机参数					
	总像素数	像素数（高度）	传感器尺寸（mm）		像素数（宽度）	镜头焦距（mm）	单张照片数据量（MB）
	2 400 万	4 000	15.6	23.5	6 000	20.0	10.0

飞行参数	飞行参数					
	无人机类型	飞行速度（m/s）	飞行速度（km/h）	单架次有效作业航线长度（km）	每日飞行架次	无人机数量
	多旋翼	7.5	27	7.2	10	1

计算参数	计算参数				
	参数名称	计量单位	垂直摄影与倾斜摄影参数对比		
	摄影形式	垂直/倾斜	单相机垂直摄影（单次飞行）	双相机三相位摇摆（单次飞行）	五相机固定方向（单次飞行）
	无人机类型	固定翼/多旋翼	多旋翼	多旋翼	多旋翼
	相机数量	台	1	2	5
	任务区面积	km²	10.0	10.0	10.0
	实际飞行面积	km²	11.5	13.0	13.0
	影像地面分辨率	cm/px	2	2	2
	垂直照片航向覆盖范围	m	80	80	80
	垂直照片旁向覆盖范围	m	120	120	120
	相对飞行高度	m	103	103	103
	航向重叠度	%	70	80	80
	旁向重叠度	%	35	60	60
	航向曙光点距离	m	24	16	16
	旁向曙光点距离	m	78	48	48
	每条航线曙光点数	个	92	151	151
	预计航数总条数	条	67	113	113
	单次飞行航线总长度	km	147.2	271.7	271.7
	飞行次数	次	1	1	1
	航线总长度	km	147.2	271.7	271.7
	预计总飞行时间	小时	5.5	10.1	10.1
	预计总飞行架次	架次	21	38	38
	每架飞机日均飞行面积	km²/架	6.21	3.43	3.43
	预计飞行总天数	天	2.1	3.8	3.8
	飞行工作量比率	%	100	181	181
	总曙光点数量	点	6 131	16 979	16 979
	每个曙光点照片数量	张	1	6	5
	照片总数量	张	6 131	101 876	84 897
	每平方千米照片数量	张/km²	534	7 813	6 510
	照片数量比率	%	100	1 463	1 219
	总数据量	GB	62	1 020	849
	覆盖率	%	513	7 500	6 250

表 2-2　多旋翼无人机倾斜摄影作业效率计算表（二）

任务区参数	任务区参数					任务区范围示意图
	任务区南北跨度（m）	任务区东西跨度（m）	任务区面积（km²）	倾斜摄影实际飞行面积（km²）	航线敷设方向	
	5 000	2 000	10.0	14.7	东西方向	

相机参数	相机参数					
	总像素数	像素数（高度）	传感器尺寸（mm）	像素数（宽度）	镜头焦距（mm）	单张照片数据量（MB）
	4 200 万	5 304	24.0　35.9	7 952	35.0	42.0

飞行参数	飞行参数					
	无人机类型	飞行速度（m/s）	飞行速度（km/h）	单架次有效作业航线长度（km）	每日飞行架次	无人机数量
	多旋翼	7.5	27	7.2	10	1

计算参数	计算参数				
	参数名称	计量单位	垂直摄影与倾斜摄影参数对比		
	摄影形式	垂直/倾斜	单相机垂直摄影（单次飞行）	双相机三相位摇摆（单次飞行）	五相机固定方向（单次飞行）
	无人机类型	固定翼/多旋翼	多旋翼	多旋翼	多旋翼
	相机数量	台	1	2	5
	任务区面积	km²	10.0	10.0	10.0
	实际飞行面积	km²	12.3	14.7	14.7
	影像地面分辨率	cm/px	2	2	2
	垂直照片航向覆盖范围	m	106	106	106
	垂直照片旁向覆盖范围	m	159	159	159
	相对飞行高度	m	155	155	155
	航向重叠度	%	70	80	80
	旁向重叠度	%	35	60	60
	航向曙光店距离	m	32	21	21
	旁向曙光店距离	m	103	64	64
	每条航线曙光点数	个	73	123	123
	预计航数总条数	条	51	88	88
	单次飞行航线总长度	km	118.6	231.1	231.3
	飞行次数	次	1	1	1
	航线总长度	km	118.6	231.3	231.3
	预计总飞行时间	小时	4.4	8.6	8.6
	预计总飞行架次	架次	17	33	33
	每架飞机日均飞行面积	km²/架	8.66	4.46	4.46
	预计飞行总天数	天	1.7	3.3	3.3
	飞行工作量比率	%	100	194	194
	总曙光点数量	点	3 727	10 902	10 902
	每个曙光点照片数量	张	1	6	5
	照片总数量	张	3 727	65 413	54 511
	每平方千米照片数量	张/km²	304	4 446	3 705
	照片数量比率	%	100	1 463	1 219
	总数据量	GB	158	2 748	2 289
	覆盖率	%	513	7 500	6 250

表 2-3　固定翼无人机倾斜摄影作业效率计算表（一）

任务区参数	任务区参数					任务区范围示意图
	任务区南北跨度（m）	任务区东西跨度（m）	任务区面积（km²）	倾斜摄影实际飞行面积（km²）	航线敷设方向	
	20 000	5 000	100.0	126.7	东西方向	

相机参数	相机参数					
	总像素数	像素数（高度）	传感器尺寸（mm）	像素数（宽度）	镜头焦距（mm）	单张照片数据量（MB）
	2 400 万	4 000	15.6　23.5	6 000	20.0	10

飞行参数	飞行参数					
	无人机类型	飞行速度（m/s）	飞行速度（km/h）	单架次有效作业航线长度（km）	每日飞行架次	无人机数量
	固定翼	20	72	60	4	1

计算参数	计算参数					
	参数名称	计量单位	垂直摄影与倾斜摄影参数对比			
	摄影形式	垂直/倾斜	单相机垂直摄影（一次飞行）	单相机垂直摄影（两次飞行）	双相机垂直摄影（一次飞行）	五相机垂直摄影（一次飞行）
	无人机类型	固定翼/多旋翼	固定翼	固定翼	固定翼	固定翼
	相机数量	台	1	1	2	5
	任务区面积	km²	100.0	100.0	100.0	100.0
	实际飞行面积	km²	113.1	126.7	126.7	126.7
	影像地面分辨率	cm/px	5	5	5	5
	垂直照片航向覆盖范围	m	200	200	200	200
	垂直照片旁向覆盖范围	m	300	300	300	300
	相对飞行高度	m	256	256	256	256
	航向重叠度	%	70	80	80	80
	旁向重叠度	%	35	80	80	60
	航向曙光点距离	m	60	40	40	40
	旁向曙光点距离	m	195	60	60	120
	每条航线曙光点数	个	92	151	151	151
	预计航数总条数	条	105	350	350	175
	单次飞行航线总长度	km	580	2 112	2 112	1 056
	飞行次数	次	1	2	1	1
	航线总长度	km	580	4 223	2 112	1 056
	预计总飞行时间	小时	8.1	58.7	29.3	14.7
	预计总飞行架次	架次	10	71	36	18
	每架飞机日均飞行面积	km²/架	50.7	7.1	14.1	28.2
	预计飞行总天数	天	2.5	17.8	9.0	4.5
	飞行工作量比率	%	100	710	360	180
	总曙光点数量	点	9 665	105 577	52 789	26 394
	每个曙光点照片数量	张	1	1	2	5
	照片总数量	张	9 665	105 577	105 577	131 972
	每平方千米照片数量	张/km²	85	833	833	1 042
	照片数量比率	%	100	975	975	1 219
	总数据量	GB	98	1 057	1 057	1 320
	覆盖率	%	513	5 000	5 000	6 250

表 2-4　固定翼无人机倾斜摄影作业效率计算表（二）

任务区参数						任务区范围示意图
	任务区南北跨度（m）	任务区东西跨度（m）	任务区面积（km²）	倾斜摄影实际飞行面积（km²）	航线敷设方向	
	20 000	5 000	100.0	141.1	东西方向	

相机参数						
	总像素数	像素数（高度）	传感器尺寸（mm）	像素数（宽度）	镜头焦距（mm）	单张照片数据量（MB）
	4 200 万	5 304	24.0　35.9	7 952	35.0	42.0

飞行参数					
	无人机类型	飞行速度（m/s）	飞行速度（km/h）	单架次有效作业航线长度（km）	每日飞行架次	无人机数量
	固定翼	20	72	60	4	1

计算参数

参数名称	计量单位	垂直摄影与倾斜摄影参数对比			
摄影形式	垂直/倾斜	单相机垂直摄影（一次飞行）	单相机垂直摄影（两次飞行）	双相机垂直摄影（一次飞行）	五相机垂直摄影（一次飞行）
无人机类型	固定翼/多旋翼	固定翼	固定翼	固定翼	固定翼
相机数量	台	1	1	2	5
任务区面积	km²	100.0	100.0	100.0	100.0
实际飞行面积	km²	119.9	142.7	141.1	141.1
影像地面分辨率	cm/px	5	5	5	5
垂直照片航向覆盖范围	m	265	265	265	265
垂直照片旁向覆盖范围	m	398	398	398	398
相对飞行高度	m	387	387	387	387
航向重叠度	%	70	80	80	80
旁向重叠度	%	35	80	80	60
航向曙光点距离	m	80	53	53	53
旁向曙光点距离	m	258	80	80	159
每条航线曙光点数	个	73	123	123	123
预计航数总条数	条	80	271	271	135
单次飞行航线总长度	km	464.1	1 774.0	1 774.0	887.0
飞行次数	次	1	2	1	1
航线总长度	km	464.1	3 548.0	1 774.0	887.0
预计总飞行时间	小时	6.4	49.3	24.6	12.3
预计总飞行架次	架次	8	60	30	15
每架飞机日均飞行面积	km²/架	70.53	9.40	18.81	37.62
预计飞行总天数	天	2.0	15.0	7.5	3.8
飞行工作量比率	%	100	750	375	188
总曙光点数量	点	5 833	66 893	33 446	16 723
每个曙光点照片数量	张	1	1	2	5
照片总数量	张	5 833	66 893	66 893	83 616
每平方千米照片数量	张/km²	49	474	474	593
照片数量比率	%	100	975	975	1 219
总数据量	GB	246	2 810	2 810	3 512
覆盖率	%	513	5 000	5 000	6 250

表 2-1 至表 2-4 所示的倾斜摄影作业效率计算表中的有关参数设置和计算方法说明如下（供参考）。

（1）倾斜摄影的实际飞行面积按任务区范围外扩两个航高距离的面积计算，一般会超过任务区面积 30%左右。

（2）建议采用东西方向敷设航线，任务区或摄影分区的东西跨度一般为无人机有效续航里程的 1/2 或 1/4。

（3）多旋翼无人机的飞行速度按 7.5m/s 计算，每架次有效飞行时间为 16min，单架次有效续航里程为 7.2km，每日飞行 10 个架次。

（4）固定翼无人机的飞行速度按 20m/s 计算，每架次有效飞行时间为 50min，单架次有效续航里程为 60km，每日飞行 4 个架次。

2.8　无人机分类

虽然无人机的种类很多，但其基本构成主要包含 3 个部分：飞行平台、任务载荷、地面系统。无人机系统的基本构成如图 2-22 所示。

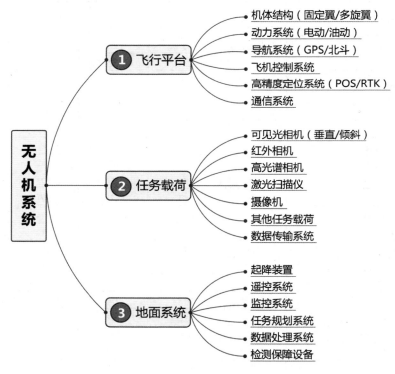

图 2-22　无人机系统的基本构成

无人机可以按照机体结构、实际用途、起飞全重等进行分类，无人机主要分类方法如图 2-23 所示。

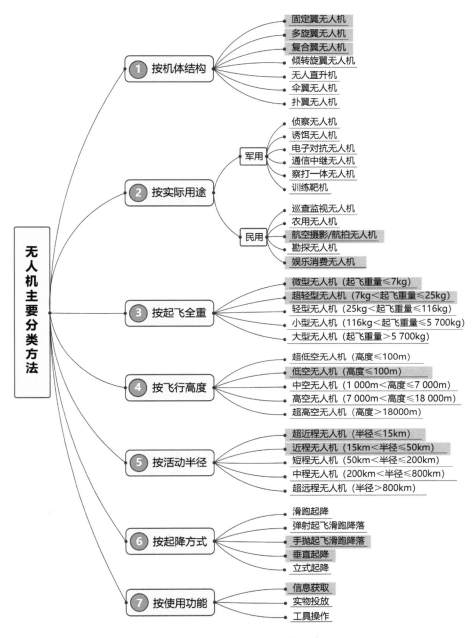

图 2-23　无人机主要分类方法

2.9 国内民用无人机行业现状简述

2010 年前，国内民用无人机以汽油发动机的固定翼无人机为主，不仅价格高，而且操作难度大，操作人员需要较长时间的训练和培养。

从 2011 年开始，以深圳市大疆创新科技有限公司为代表的无人机制造公司，推出了多种类型的多旋翼无人机，使多旋翼无人机得以普及。而轻型复合材料的发现、飞控系统集

成度的提高、卫星定位技术的发展、电池性能的提升，使得无人机的制造门槛、制造成本和使用难度大幅降低，各种新机型、新产品不断涌现，使整个无人机行业进入了快速发展的阶段，并在各个领域得到了广泛的应用。

根据中国民用航空局统的统计，截至 2019 年 1 月，在"无人机实名登记系统"官网中实名登记的无人机数量共计 28.9 万架，拥有注册用户达 27.2 万个（其中，个人用户 24 万个，企业、事业、机关法人单位用户 3.1 万个），国内无人机厂家共计 1 232 家，无人机型号共计 3 521 个，取得民用无人机驾驶员执照（AOPA）的人数达 44 573 人，无人机考试中心有 31 个，有 340 家训练机构经中国 AOPA 审定合格取得培训资质（其中，暂停运行或注销 48 家，现有 292 家训练机构具备培训资质）。

"无人机实名登记系统"官网中按起飞全重进行分类统计的无人机数量如图 2-24 所示（截至 2019 年 1 月）。通常，起飞全重在 2kg 以下的，多数是供个人消费的娱乐型无人机，而具备行业应用潜力的无人机起飞全重一般在 2～25kg。

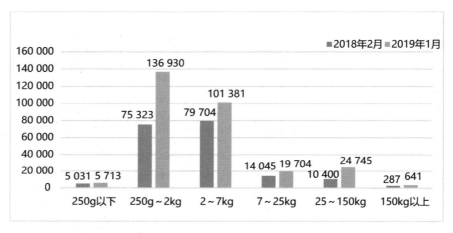

图 2-24　"无人机实名登记系统"官网中按起飞全重进行分类统计的无人机数量

按地域分布的无人机生产厂家数量示意图如图 2-25 所示（截至 2019 年 1 月）。

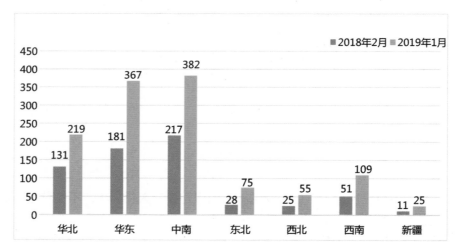

图 2-25　按地域分布的无人机生产厂家数量示意图

取得民用无人机驾驶员执照的人员数量和等级情况如图 2-26 所示（截至 2019 年 1 月）。

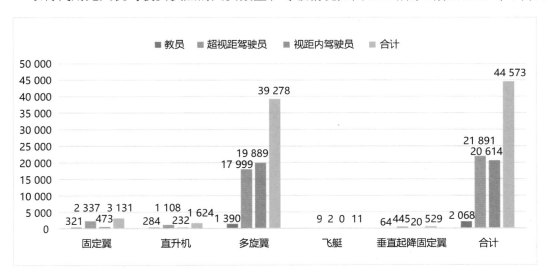

图 2-26　取得民用无人机驾驶员执照的人员数量和等级情况

截至 2020 年年末，我国全行业在民航局采用无人机登记注册系统注册的无人机共 52.36 万架。无人机经营性飞行活动达 159 万飞行小时，相较于 2019 年注册的无人机同比增长 33%，无人机经营性飞机活动同比增长 36.4%。

第3章 倾斜摄影系统

倾斜摄影一般是指在空中以多角度、多方向对地面进行摄影，以获取多角度、多方向地面影像的方法。倾斜摄影系统是指获取倾斜影像的成像系统，一般由多个独立的相机和镜头组成，结构相对复杂。

3.1 倾斜摄影相机的名称

早期的倾斜摄影相机一般是使用多镜头或多台光学相机组合而成的，包括一个垂直向下的镜头和多个以不同倾斜角度朝向不同方向的镜头，在英文中称为"Multi-lens camera"（多镜头相机），如"8-lens camera"（八镜头相机）、"Tri-lens camera"（三镜头相机）、"Penta-lens camera"（五镜头相机）等。在翻译成中文时，为了更加准确地描述多镜头照相机的结构和目的，建议增加"倾斜"二字，使用"多镜头/多相机倾斜摄影系统"（简称为"倾斜摄影系统"）较为准确。而使用这种多镜头相机就是为了能在一次飞行中获取大范围的地面影像，包括垂直影像和倾斜影像。

最经典的倾斜摄影系统是 5 台相机呈十字交叉放置的组合，包括一台垂直向下的相机和 4 台分别向前、向后、向左、向右倾斜放置的相机。由于 5 台相机拍摄的地面影像覆盖的形状与"马耳他十字"的形状相似，如图 3-1 所示，故称为"马耳他十字"结构五镜头相机。

图 3-1 "马耳他十字"的形状

在数码相机出现后，为了与传统的使用胶片的相机的倾斜摄影系统相区别，通常会在倾斜摄影系统前加上"数字"或"数码"，进行强调。现在，几乎所有的航空相机都使用数码相机作为成像单元，因此，倾斜摄影系统前也就不必再特意加上"数字"或"数码"进行标识了。

使用胶片感光的倾斜摄影系统有两种模式：一种是由多个独立的相机组合而成的，每个相机具有单独的镜头和感光胶片供片装置，称为多相机倾斜摄影系统；另一种是多个镜头共用一套胶片供片装置，或胶片供片装置的数量少于镜头数量，称为多镜头倾斜摄影系统。

使用数码相机的倾斜摄影系统都是由多个独立的镜头和传感器组合而成的，几乎没有多个镜头共用同一传感器的结构，因此称其为多相机倾斜摄影系统更为准确，如双相机摆动式倾斜摄影系统、五相机倾斜摄影系统等。

3.2　早期的倾斜摄影相机

多镜头/多相机倾斜摄影系统的历史可以追溯到 19 世纪末，其最初的设想都是希望能高效率和安全地获取多方向和远距离的地面影像。

1900 年，由奥地利的希奥多·莎姆禄格设计的八镜头倾斜摄影相机搭载在飞艇上用于航空摄影，可以视为多镜头倾斜摄影的起点。莎姆禄格八镜头倾斜摄影相机及成像原理如图 3-2 所示。

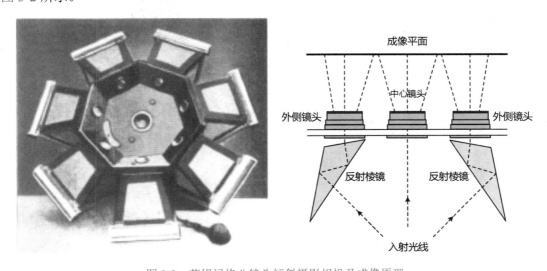

图 3-2　莎姆禄格八镜头倾斜摄影相机及成像原理

1930 年左右，美国费尔柴尔德公司制造的 T-3A 五镜头倾斜摄影相机是"马耳他十字"结构的多镜头倾斜系统的关键组成，如图 3-3 所示。这款倾斜摄影相机可以看作今天所有五相机倾斜摄影系统的相机原型。

图 3-3　T-3A 五镜头倾斜摄影相机

早期的多镜头倾斜摄影相机如图 3-4 所示。

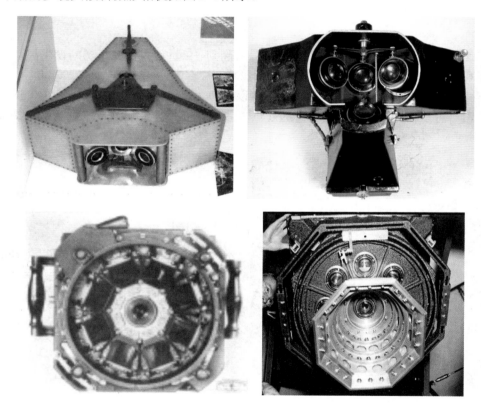

图 3-4　早期的多镜头倾斜摄影相机

从手持单个相机进行倾斜摄影，逐步发展出固定式多镜头和多相机组合模式的倾斜摄影系统，到采用多台相机以不同排列方式进行倾斜摄影的方法。其中，使用多台相机进行倾斜摄影的方法如图 3-5 所示。

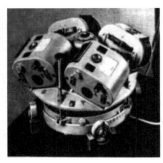
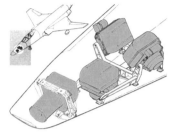

图 3-5　使用多台相机进行倾斜摄影的方法

早期的倾斜摄影照片产生大倾角，使其仅在小比例尺地形图测绘中、特定的军事侦察和资源调查中得到了有限的应用。随后发展起来的航空摄影测量方法中，受光学和模拟立体测图仪器机械结构的限制，为了严格地恢复照片的空间关系，并尽可能地提高测量精度，航空摄影时的相机姿态尽可能保持垂直摄影，使得大倾角的倾斜摄影照片逐渐退出了测绘领域。

3.3　倾斜摄影重现生机

基于垂直航空摄影照片和立体视觉原理的航空摄影测量学的发展已经超过 100 年了，并形成了相对完整的理论体系、技术方法和标准规范。但在当今对三维地理信息的需求持续快速增长的情况下，对建筑物和地表进行精细三维测量和三维建模的要求，已经超出了传统航空摄影测量技术所能提供的精度和成果。而倾斜摄影对建筑物侧面纹理和结构具有的良好表达能力，特别是数码相机的使用，使得对倾斜摄影的应用得到了重新认识。

1996 年，John Ciampa 和 Stephen L. Schultz 共同提出了基于数字倾斜影像对建筑物进行多角度浏览和测量的技术方法，研发了包括利用数码相机获取多角度倾斜影像的五相机倾斜摄影系统和基于倾斜影像进行建筑物测量的软件系统。2000 年，他们创办了 Pictometry 公司，开始生产具有准确地理位置的倾斜影像，尽管他们的应用还局限在使用倾斜影像对建筑物或特定区域进行多角度的浏览和测量，但依然开创了数字倾斜影像获取和工程化应用的先河。

1998 年，Pictometry 公司研制了使用数码相机的五相机倾斜摄影系统的原型系统，并于 2001 年正式开始对外销售倾斜摄影系统产品和提供服务。

1998 年，Pictometry 公司的五相机倾斜摄影系统出现。直到 2010 年，虽然倾斜摄影系统的相机由胶片相机提升为数码相机，照片由摄影胶片变为数字影像，但对倾斜摄影影像的应用仍然停留在获取建筑物的侧面纹理、结构的提取和辅助三维城市建模上，与之前的应用模式并没有本质的区别。

而真正改变倾斜摄影的应用模式，或者说让倾斜摄影重新焕发活力的，则是 2010 年前后以 Acute Smart3D、Pix4D、PhotoScan、Pixel Factory 等软件系统为代表的、具有工程化生产能力的、使用倾斜影像进行自动化三维建模的软件产品的推出。

三维建模软件的雏形来自华盛顿大学开发的 Visual SFM，这是一款学术界的开源软件，三维建模技术的几个关键步骤的算法也一并在这里公布。这个软件可以看作是倾斜摄影三维建模软件的起点。随后，Smart3D Capture、Pix4D、PhotoMesh、Street Factory 街景工厂等软件相继出现。随着软件版本功能的完善和计算能力的不断提高，这些软件的建模效果和建模效率都有了长足的进步。

3.4　国外大型数码倾斜摄影系统的发展

国外的数码倾斜摄影系统起源于对建筑物侧面纹理的获取和三维城市建模的需求，多数也是参照原来摄影测量中对航空摄影系统的要求设计的，包括使用测量级数码相机、集中式数据存储系统，适合有人驾驶飞机摄影窗口的结构等，而较少考虑系统的重量和成本。

根据国内 50 家主要从事航空摄影单位公开的资料，截至 2017 年年底，国外各类大型倾斜摄影系统在中国的销售数量超过了 20 台套，主要包括 Leica RCD 30 系列 11 台套、Vexcel UCO 系列 5 台套、ICAROS IDM 系列 2 台套、其他型号 3 台套。

3.4.1　Pictometry 倾斜摄影系统

Pictometry 公司是较早研发数字倾斜摄影系统和应用倾斜影像的公司之一。该公司的倾斜摄影系统也是最早引入中国的。

2001 年，该公司开始生产具有准确地理位置和可测量的倾斜影像产品，开创了数字倾斜影像获取和应用的新时代。该公司拥有完全自主知识产权的机载倾斜摄影设备及与之配套的智能影像处理系统，用户遍及全球各发达国家，同时也是微软 Bing Maps 的影像提供商。在欧美国家，倾斜摄影技术已经广泛应用于应急指挥、国土安全、城市管理、物业税等行业。

2010 年 4 月，北京天下图数据技术有限公司与美国 Pictometry 公司正式签约，使其成为美国 Pictometry 公司倾斜摄影技术在中国区唯一技术许可和应用商，首次将倾斜摄影技术、倾斜摄影系统和数据服务模式引入中国，填补了国内该项技术领域的空白。

Pictometry 公司并不是传统意义上的测量设备制造商，其研发倾斜摄影系统的目的是为了向用户提供基于倾斜航空影像的增值服务。2013 年，Pictometry 公司与 EagleView 公司合并后，其业务重点转向了以高分辨率影像获取和提供增值服务为主，而对倾斜摄影系统硬件本身的产品化和性能提升等方面则关注不够，虽然该公司自用的倾斜摄影系统数量较多，但是市场上鲜见其产品。Pictometry Pentaview 倾斜摄影系统主要参数和结构见表 3-1。

表 3-1　Pictometry Pentaview 倾斜摄影系统主要参数和结构

系统名称	Pictometry's Pentaview Camera Systems
商标	**EAGLEVIEW**® **PICTOMETRY**® AN EAGLEVIEW COMPANY
生产厂商	EagleView 公司
发布时间	1998 年（原型） 2001 年（正式产品）
结构类型	五相机马耳他十字
传感器数量	1 个垂直传感器+4 个倾斜传感器
传感器厂家	IMPERX 公司
像素数量	1 600 万（4 864×3 232）像素 2 900 万（6 576×4 384）像素
传感器类型	CCD
像元尺寸	7.4μm/5.5μm
镜头焦距	垂直 65mm/倾斜 80mm
最短曝光间隔	? s
相机倾斜角度	45° 固定
波段	RGB
系统重量	? kg
飞行平台	有人驾驶飞机
使用数量	≥100 套
说明	早期的 Pictometry's Pentaview 系统使用的是 1 000 万（2 672×4 008）像素的传感器，后期的系统采用了 1 600 万像素或 2 900 万像素的传感器

Pictometry Pentaview 倾斜摄影系统参考图片

单次曝光覆盖范围示意图

3.4.2　MIDAS 倾斜摄影系统

MIDAS（Multi-camera Integrated Digital Acquisition System）倾斜摄影系统最早是由 Track'Air B.V.公司和多家合作伙伴于 2004 年开始在荷兰研发的。2006 年 5 月，在里诺（Reno，Nevada，US）召开的 ASPRS 会议上，Track'Air B.V.公司正式发布了 MIDAS 系统。截至 2016 年年底，全球共有超过 100 套 MIDAS 系列的倾斜摄影系统。

Track'Air B.V.公司的 MIDAS 倾斜摄影系统是较早采用消费级数码相机作为传感器的倾斜摄影系统之一。第一代 MIDAS 系统使用佳能 Canon EOS-1 DS Mark Ⅱ/Mark Ⅲ 数码相机，1 个垂直相机的镜头焦距是 23.8mm，4 个倾斜相机的镜头焦距是 52mm。

2010 年以后，Track'Air 公司的所有生产、销售和技术支持均由 Lead'Air, Inc.公司独自负责，陆续推出了多款五镜头倾斜摄影系统和九镜头、十三镜头等定制化的倾斜摄影系统。MIDAS 倾斜摄影系统主要参数和结构见表 3-2。

表 3-2　MIDAS 倾斜摄影系统主要参数和结构

系统名称	Track'Air MIDAS Oblique Camera System	
商标	Track'Air, BV Flight Management Systems	
生产厂商	Track'Air B.V.公司	
发布时间	2004 年（第一代 MIDAS）	
结构类型	五相机马耳他十字	
传感器数量	1 个垂直传感器+4 个倾斜传感器	
传感器厂家	Canon EOS-1 DS Mark Ⅱ	
	Canon EOS-1 DS MarkⅢ	
像素数量	1 670 万像素（Mark Ⅱ）	
	2 100 万像素（MarkⅢ）	
传感器类型	CMOS	
像元尺寸	? μm	
镜头焦距	垂直 23.8mm/倾斜 52mm	
最短曝光间隔	1s	
相机倾斜角度	45° 固定	
波段	RGB	
系统重量	20kg（相机部分）	
飞行平台	有人驾驶飞机	
使用数量	≥100 套（2016 年）	

MIDAS 倾斜摄影系统参考图片

MIDAS-5 倾斜摄影系统主要参数和结构见表 3-3。

表 3-3　MIDAS-5 倾斜摄影系统主要参数和结构

系统名称	Track'Air MIDAS-5 oblique camera system	
商标	Lead'Air, Inc Aerial Survey Systems Track'Air, BV Flight Management Systems	
生产厂商	Lead'AIR Inc 公司 Track'Air B.V.公司	
发布时间	2010 年（MIDAS-5）	
结构类型	五相机马耳他十字	
传感器数量	1 个垂直传感器+4 个倾斜传感器	
传感器厂家	佳能 Canon EOS 5DS	
	尼康 Nikon D810	

续表

像素数量	5 000 万像素（EOS 5DS）
	3 600 万像素（Nikon D810）
传感器类型	CMOS
像元尺寸	μm
镜头焦距	垂直 50mm/倾斜 85mm （可选配多种焦距镜头）
最短曝光间隔	1s
相机倾斜角度	45°固定
波段	RGB
系统重量	58kg（相机部分）
飞行平台	有人驾驶飞机
说明	（1）2017 年 1 月参考价格为 21 万美元/套 （2）已销售的系统数量超过 100 套

MIDAS-5 倾斜摄影系统参考图片

ECODAS 倾斜摄影系统主要参数和结构见表 3-4。

表 3-4　ECODAS 倾斜摄影系统主要参数和结构

系统名称	Track'Air ECODAS
商标	Lead'Air, Inc Aerial Survey Systems Track'Air, BV Flight Management Systems
生产厂商	Lead'AIR Inc 公司 Track'Air B.V.公司
发布时间	2017 年 1 月
结构类型	马耳他十字
传感器数量	1 个垂直传感器+4 个倾斜传感器
传感器厂家	尼康 Nikon D810
像素数量	3 600 万像素
传感器类型	CMOS
像元尺寸	4.88 μm
镜头焦距	垂直 50mm/倾斜 85mm （可选配多种焦距镜头）
最短曝光间隔	1s
相机倾斜角度	45°固定
波段	RGB
系统重量	60kg（相机部分）
飞行平台	有人驾驶飞机
说明	2017 年 1 月参考价格为 99 000 美元/套

ECODAS 倾斜摄影系统参考图片

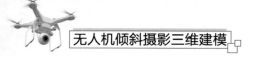

MIDAS 300P 倾斜摄影系统主要参数和结构见表 3-5。

表 3-5　MIDAS 300P 倾斜摄影系统主要参数和结构

系统名称	Track'Air MIDAS 300P camera system
商标	Lead'Air, Inc Aerial Survey Systems
生产厂商	Lead'AIR Inc
发布时间	2016 年 8 月
结构类型	五相机
传感器数量	1 个垂直传感器+4 个倾斜传感器
传感器厂家	Phase One IXU-R1 000 Phase One IXU 150
像素数量	10 000 万像素/5 000 万像素
传感器类型	CMOS
像元尺寸	? μm
镜头焦距	垂直 50mm/倾斜 80mm
最短曝光间隔	? s
相机倾斜角度	45°固定
波段	RGB
系统重量	? kg
飞行平台	有人驾驶飞机
说明	MIDAS 300P 全部采用 Phase One 系列的相机作为传感器

MIDAS-9 倾斜摄影系统主要参数和结构见表 3-6。

表 3-6　MIDAS-9 倾斜摄影系统主要参数和结构

系统名称	Track'Air Octoblique MIDAS 9 Camera System	
商标		
生产厂商	Lead'AIR Inc	
发布时间	2015 年 10 月	
结构类型	九相机	
传感器数量	1 个垂直传感器+8 个倾斜传感器	
传感器厂家	佳能 Canon 5Ds	
像素数量	5 000 万像素	
传感器类型	CMOS	
像元尺寸	4.14 μm	
镜头焦距	垂直 50mm/倾斜 85mm	
最短曝光间隔	1s	
相机倾斜角度	45°固定	
波段	RGB	
系统重量	64kg（相机部分）	
飞行平台	有人驾驶飞机	MIDAS-9 倾斜摄影系统参考图片

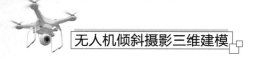

DODECABLIQUE MIDAS 倾斜摄影系统主要参数和结构见表 3-7。

表 3-7　DODECABLIQUE MIDAS 倾斜摄影系统主要参数和结构

系统名称	Track'Air DODECABLIQUE MIDAS Camera System	
商标	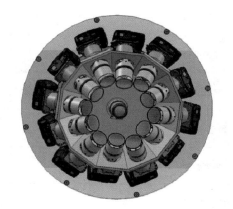	
生产厂商	美国 Lead'AIR Inc	
发布时间	2016 年 7 月	
结构类型	十三相机	
传感器数量	1 个垂直传感器+12 个倾斜传感器	
传感器厂家	尼康	
像素数量	3 600 万像素	
传感器类型	CMOS	DODECABLIQUE MIDAS 倾斜摄影系统参考图片
像元尺寸	4.88 μm	
镜头焦距	垂直 300mm/倾斜 300mm	
最短曝光间隔	1s	
相机倾斜角度	45°固定	
波段	RGB	
系统重量	60kg（相机部分）	
飞行平台	有人驾驶飞机	

3.4.3　RCD 30 倾斜摄影系统

　　徕卡 RCD 30 倾斜摄影系统于 2011 年发布，是第一款采用中画幅传感器的倾斜摄影系统。RCD 30 倾斜摄影系统延续了徕卡公司在航空摄影机设计和制造方面的传统技术优势，使用中画幅测量型数码相机，采用标准的"马耳他十字"结构，只是倾斜相机的倾斜角是 35°，而不是其他厂家采用的 45°。

　　RCD 30 倾斜摄影系统的垂直相机使用 50mm 焦距的镜头，倾斜相机使用 80mm 焦距的镜头，使得垂直影像和倾斜影像具有相近的地面分辨率，有助于保证和提高三维模型的精度。

RCD 30 倾斜摄影系统主要参数和结构见表 3-8。

表 3-8　RCD30 倾斜摄影系统主要参数和结构

系统名称	徕卡 RCD30 倾斜摄影系统
型号	60MP-CH61/62
商标	Leica Geosystems
生产厂商	徕卡测量系统公司
发布时间	2011 年
结构类型	五相机马耳他十字
传感器数量	1 个垂直传感器+4 个倾斜传感器
像素数量	6 000 万（9 000×6 732）像素
传感器类型	CCD
像元尺寸	6μm
镜头焦距	垂直 50mm/倾斜 80mm
最短曝光间隔	1s
相机倾斜角度	35°固定
波段	RGB+NIR（CH62）
系统重量	约 30kg（相机部分）
飞行平台	有人驾驶飞机

RCD30 倾斜摄影系统参考图片

Flight direction

80mm 35°

80mm 35°　　50mm Nadir　　80mm 35°

80mm 35°

单次曝光覆盖范围示意图

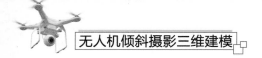

RCD30-80MP 倾斜摄影系统主要参数和结构见表 3-9。

表 3-9　RCD30-80MP 倾斜摄影系统主要参数和结构

系统名称	徕卡 RCD30-80MP 倾斜摄影系统
型号	80MP-CH81/82
商标	Leica Geosystems
生产厂商	徕卡测量系统公司
发布时间	2012 年 10 月
结构类型	五相机马耳他十字
传感器数量	1 个垂直传感器+4 个倾斜传感器
传感器厂家	Leaf Imaging
像素数量	8 000 万（10 320×7 752）像素
传感器类型	CCD
像元尺寸	5.2μm
镜头焦距	垂直 50mm/倾斜 80mm
最短曝光间隔	1.25 s
相机倾斜角度	35°固定
波段	RGB+NIR(CH82)
系统重量	约 40kg（相机部分）
飞行平台	有人驾驶飞机

RCD30-80MP 倾斜摄影系统参考图片

单次曝光覆盖范围示意图

CityMapper 倾斜摄影系统主要参数和结构见表 3-10。

表 3-10　CityMapper 倾斜摄影系统主要参数和结构

系统名称	徕卡 CityMapper	
型号	CityMapper	
商标	Leica Geosystems	
生产厂商	徕卡测量系统公司	
首次发布时间	2016 年 6 月	
结构类型	马耳他十字	
传感器数量	1 个垂直传感器（CH82）+4 个倾斜传感器（CH81）+LiDAR	
传感器厂家	Leaf Imaging	
像素数量	8 000 万（10 320×7 752）像素	
传感器类型	CCD	
像元尺寸	5.2μm	
镜头焦距	垂直 80mm/倾斜 150mm	
最短曝光间隔	1.5s	
相机倾斜角度	45°固定	
波段	RGB+NIR（CH82） RGB（CH81）	
系统重量	54kg	
飞行平台	有人驾驶飞机	

CityMapper 倾斜摄影系统参考图片

3.4.4　UltraCam Osprey 倾斜数码航摄仪

成立于 1993 年的 Vexcel Imaging 公司是 UltraScan 系列大幅面影像扫描仪的制造商。从 1999 年至 2005 年，其生产和销售了超过 400 台的 UltraScan 系列大幅面航空胶片扫描系统。

2000 年 7 月，受徕卡 ADS40 和 Z/I-Imaging 的 DMC 数码航空相机的启发，Vexcel Imaging 公司开始了大幅面数字航空摄影仪的研制。2001 年 5 月，Vexcel Imaging 公司成功地提出了一种新的使用多镜头和多面阵 CCD 来组装无缝且几何稳定的单片传感器面阵并用于摄影测量的航空大幅面影像的成像理念。2003 年 5 月，Vexcel Imaging 公司推出了 UltraCam-D

大幅面数字航空摄影仪，开始进入数码航空摄影仪市场。

2013 年 3 月，Vexcel Imaging 公司发布了第一代的倾斜数码航摄仪 UltraCam Osprey（Mark 1）。

2014 年 3 月，Vexcel Imaging 公司发布了第二代倾斜数码航摄仪 UltraCam Osprey Prime。

2016 年 7 月，Vexcel Imaging 公司发布了第三代倾斜数码航摄仪 UltraCam Osprey Prime Ⅱ。

UltraCam Osprey 倾斜数码航摄仪主要参数和结构见表 3-11。

表 3-11 UltraCam Osprey 倾斜数码航摄仪主要参数和结构

系统名称	UltraCam Osprey 倾斜数码航摄仪	
型号	Mark 1（第一代）	
商标	VEXCEL IMAGING	
生产厂商	Vexcel Imaging 公司	
发布时间	2013 年 3 月	
结构类型	马耳他十字	
传感器数量	1 个下视传感器+4 个倾斜传感器+1 个红外传感器	
传感器厂家	DALSA CCD sensor	UltraCam Osprey 倾斜数码航摄仪参考图片
像素数量	下视：11 674 像素×7 514 像素 前视/后视：13 450 像素×4 520 像素 左视/右视：6 870 像素×4 520 像素	
传感器类型	CCD	
像元尺寸	6μm（下视） 5.2μm（倾斜）	
镜头焦距	垂直 51mm/倾斜 80mm	
最短曝光间隔	2.2s	
相机倾斜角度	45°固定	
波段	PAN，RGB，NIR	
系统重量	约 40kg（相机部分）	
飞行平台	有人驾驶飞机	单次曝光覆盖范围示意图
说明	2013 年 3 月，Vexcel Imaging 公司基于 UltraCam Eagle 相机的技术，推出了第一代倾斜数码航摄仪 UltraCam Osprey（Mark 1）	

UltraCam Osprey Prime 倾斜数码航摄仪主要参数和结构见表 3-12。

表 3-12　UltraCam Osprey Prime 倾斜数码航摄仪主要参数和结构

系统名称	UltraCam Osprey Prime 倾斜数码航摄仪	
型号	Prime（Mark 2，第二代）	
商标	VEXCEL IMAGING	
生产厂商	Vexcel Imaging 公司	
发布时间	2014 年 3 月	
结构类型	五相机马耳他十字	
传感器数量	1 个下视传感器+4 个倾斜传感器	
传感器厂家	DALSA CCD sensor	
像素数量	前视/后视 6 000 万像素 左视/右视 6 000 万像素	
传感器类型	CCD	
像元尺寸	6μm	
镜头焦距	垂直 80mm/倾斜 120mm	UltraCam Osprey Prime 倾斜数码航摄仪参考图片
最短曝光间隔	1.8s	
相机倾斜角度	45°固定	
波段	PAN，RGB，NIR	
飞行平台	有人驾驶飞机	
说明	无	

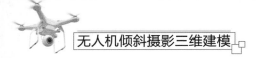

UltraCam Osprey PrimeⅡ倾斜数码航摄仪主要参数和结构见表3-13。

表3-13　UltraCam Osprey PrimeⅡ倾斜数码航摄仪主要参数和结构

系统名称	UltraCam Osprey Prime Ⅱ倾斜数码航摄仪
型号	Prime Ⅱ（Mark 3 Premium，第三代）
商标	VEXCEL IMAGING
生产厂商	Vexcel Imaging 公司
发布时间	2016 年 7 月
结构类型	马耳他十字
传感器数量	1 个垂直传感器+4 个倾斜传感器+1 个红外传感器
传感器厂家	DALSA CCD sensor
像素数量	下视 13 470 像素×8 670 像素（全色）下视 6 735 像素×4 335 像素（彩色）倾斜 10 300 像素×7 700 像素（彩色）
传感器类型	CCD
像元尺寸	5.2μm
镜头焦距	垂直 80mm/倾斜 120mm
最短曝光间隔	1.75s
相机倾斜角度	45° 固定
波段	RGB，NIR
系统重量	62kg
飞行平台	有人驾驶飞机
说明	2016 年 7 月，Vexcel Imaging 公司推出了第三代倾斜数码航摄仪 UltraCam Osprey PrimeⅡ

UltraCam Osprey PrimeⅡ倾斜数码航摄仪参考图片

单次曝光覆盖范围示意图

3.4.5　Trimble AOS 倾斜摄影系统

除了使用五相机倾斜摄影系统来获取所需的 1 个垂直和 4 个倾斜影像以外，也有只用 3 个相机来完成相同任务的倾斜摄影系统——Trimble AOS 倾斜摄影系统。

Trimble AOS 最初由德国禄来测量公司（Rollei Metric GmbH）为德国航空测量公司研制，并得到了德国波茨坦勃兰登堡投资银行的支持。2008 年 9 月，美国天宝公司收购了德国禄来测量公司。Trimble AOS 包括 3 个 Rollei AIC 中画幅数码相机单元，每个单元配备一个 3 900 万像素的 CCD 传感器（7 228×5 428 像素），像素尺寸为 6.8μm，镜头焦距为 47mm。其中，1 个相机垂直向下，另外 2 个分别向左和向右倾斜放置。

Trimble AOS 系统通过两次曝光并旋转三相机单元的方法来获取 5 个方向的倾斜影像。在航空摄影飞行过程中，Trimble AOS 系统在第 n 次曝光时，3 个相机的指向分别是朝下、朝左、朝右，此时可以获取 1 个垂直影像、1 个飞行方向左侧的倾斜影像和 1 个飞行方向右侧的倾斜影像；第 n 次曝光结束后，相机单元迅速旋转 90°；在第 n+1 曝光时，3 个相机的指向分别是朝下、朝前、朝后，可以获取 1 个垂直影像、1 个飞行方向前侧的倾斜影像和 1 个飞行方向后侧的倾斜影像；以此类推。

Trimble AOS 倾斜摄影系统主要参数和结构见表 3-14。

表 3-14　Trimble AOS 倾斜摄影系统主要参数和结构

系统名称	Trimble AOS	
型号	AOS	
商标	RolleiMetric for Alpha Luftbild **Trimble**	
生产厂商	德国禄来公司	
发布时间	？年	
结构类型	三相机	
传感器数量	1 个垂直传感器+2 个倾斜传感器	Trimble AOS 倾斜摄影系统的参考图片
传感器厂家	RolleiMetric	
像素数量	7 228 像素×5 428 像素	
传感器类型	CCD（49.1mm×36.9mm）	
像元尺寸	6.8μm	
镜头焦距	垂直 47mm/倾斜 47mm	
最短曝光间隔	1.5s	
相机倾斜角度	30°/40°	
波段	RBG	
飞行平台	有人驾驶飞机	两次曝光覆盖范围示意图
说明	相机第一次曝光时获取下视+左视和右视影像，随后自动旋转 90°在第二点曝光以获取下视+前视和后视影像	

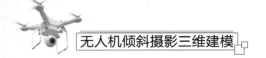

AOS-One X5 倾斜摄影系统主要参数和结构见表 3-15。

表 3-15　AOS-One X5 倾斜摄影系统主要参数和结构

系统名称	AOS-One x5 Oblique Camera System
型号	AOS x5
商标	◈ Trimble.
最早发布时间	2015 年
结构类型	五相机马耳他十字
传感器数量	1 个垂直传感器+4 个倾斜传感器
传感器厂家	PhaseOne iXU1 000
像素数量	垂直 8 000 万像素/倾斜 5 000 万像素 11 608 像素×8 708 像素
传感器类型	CCD
像元尺寸	4.6μm
镜头焦距	垂直 50mm/倾斜 80mm
最短曝光间隔	1.5s
波段	RGB
系统重量	45kg
飞行平台	有人驾驶固定翼/直升机

AOS-One X5 倾斜摄影系统参考图片

3.5　国内大型数码倾斜摄影系统的发展

2010 年，北京四维远见信息技术有限公司推出了第一款国产化倾斜数字相机——

SWDC-5 数字航空倾斜摄影仪，开启了国产大型倾斜摄影系统发展的大门。四维远见、中测新图、上海航遥等公司，先后推出了多款与国外产品性能指标相似、适合有人驾驶飞机使用的大型倾斜摄影系统。

受限于国内光机电加工能力不足和传感器产品化程度较低的现状，我国公司从一开始就使用国外高端中画幅民用相机和高档消费级数码相机作为大型航空摄影仪和倾斜摄影系统的传感器，并由此产生了一系列对民用相机进行标定的技术方法和标准。而民用相机的普遍使用，也推动了我国数字摄影测量和倾斜摄影技术的快速发展和普遍应用。

虽然国产数码倾斜摄影系统的价格仅是国外同类产品的 1/3～1/2，但经费充裕的事业单位和有实力的航飞公司，出于对产品指标和稳定性等方面的考虑，在初期仍更多地选择了国外公司的产品。

随着倾斜摄影技术在城市三维建模和测绘领域应用的不断发展，倾斜摄影在大面积、高效率、高精度地表三维建模的优势得以显现，市场需求快速增长，促使更多的航飞公司和测绘单位开始购置倾斜摄影设备。面对地域广阔、气象复杂、空域管制严格、客户众多、需求多变等多种因素，国产倾斜摄影系统在价格、市场、服务等方面的对比优势就得以充分展现，使得国产倾斜摄影系统在后期的市场中表现不俗。根据不完全统计，截至 2017 年年底，国产各类大型倾斜摄影系统在国内的销售数量超过了 30 套。

由于大型倾斜摄影系统必须要使用有人机作为主要飞行平台，受飞行高度、飞行速度等限制，其影像的地面分辨率一般在 7～10cm/px。这种分辨率的倾斜影像，在早期三维城市建设中，供手工建模时提取建筑的侧面纹理尚可使用，但是对目前普遍使用三维建模软件进行自动三维建模来说，影像分辨率较低的问题就暴露出来了。从三维建模的实际成果来看，使用自动三维建模软件进行精细地表建模时，倾斜影像的地面分辨率要优于 5cm/px。

3.5.1　SWDC-5 系列数字航空倾斜摄影仪

SWDC-5 数字航空倾斜摄影仪是北京四维远见信息技术有限公司于 2010 年研制成功的倾斜摄影系统，2010 年 12 月开始用于工程应用。

SWDC-5 数字航空倾斜摄影仪产品代号的含义如下。

SW——"**SiWei**"四维的汉语拼音首字母。

DC——"**DigitalCamera**"数码航摄仪英文字母的首字母。

5——数字"5"表示 5 个相机。

截至 2017 年 12 月，SWDC-5 数字航空倾斜摄影仪的销售数量已超过 10 套。

SWDC-5 数字航空倾斜摄影仪主要参数和结构见表 3-16。

表 3-16　SWDC-5 数字航空倾斜摄影仪主要参数和结构

系统名称	SWDC-5 数字航空倾斜摄影仪
型号	SWDC-5
商标	GEO-VISION 四维远见
生产厂商	北京四维远见信息技术有限公司
发布时间	2010 年 10 月
结构类型	五相机马耳他十字
传感器数量	5
传感器厂家	哈苏
像素数量	5 000 万（8 176×6 132）像素 6 000 万（8 956×6 708）像素
传感器类型	CCD 尺寸 53.7mm×40.3mm
像元尺寸	6μm
镜头焦距	垂直 50mm/倾斜 80mm 垂直 80mm/倾斜 100mm
最短曝光间隔	2.5s
相机倾斜角度	45°（可定制）
波段	8/12bit RGB
飞行平台	有人驾驶飞机

SWDC-5 数字航空倾斜摄影仪参考图片

单次曝光覆盖范围示意图

SWDC-5Ah60 数字航空倾斜摄影仪主要参数和结构见表 3-17。

表 3-17　SWDC-5Ah60 数字航空倾斜摄影仪主要参数和结构

系统名称	SWDC-5Ah60 数字航空倾斜摄影仪
型号	SWDC-5Ah60
商标	
生产厂商	北京四维远见信息技术有限公司
结构类型	马耳他十字
传感器数量	5
传感器厂家	哈苏
像素数量	8 956 像素×6 708 像素
传感器类型	CCD，尺寸 53.7mm×40.2mm
像元尺寸	6μm
镜头焦距	垂直 50mm/倾斜 80mm 垂直 80mm/倾斜 100mm
最短曝光间隔	1.8s
相机倾斜角度	45°
波段	8/16bit RGB
系统重量	约 100kg
飞行平台	有人驾驶飞机

SWDC-5Ah60 数字航空倾斜摄影仪参考图片

SWDC-5A-P100 数字航空倾斜摄影仪主要参数和结构见表 3-18。

表 3-18　SWDC-5A-P100 数字航空倾斜摄影仪主要参数和结构

系统名称	SWDC-5A-P100 数字航空倾斜摄影仪
型号	SWDC-5Ap100
商标	GEO-VISION 四维远见
生产厂商	北京四维远见信息技术有限公司
结构类型	马耳他十字
传感器数量	5
传感器厂家	飞思 Phase One
像素数量	11 608 像素×8 708 像素
传感器类型	CMOS，尺寸 53.4mm×40.0mm
像元尺寸	4.6μm
镜头焦距	40/70mm，70/110mm
最短曝光间隔	0.6s
相机倾斜角度	45°
波段	8/16bit RGB
系统重量	约 100kg
飞行平台	有人驾驶飞机

SWDC-5A-P100 数字航空倾斜摄影仪参考图片

3.5.2　AMC 系列倾斜数码航摄仪

得益于中国科学院上海技术物理研究所的技术和资金支持，上海航遥信息技术有限公司自主研发了多款 AMC 系列倾斜数码航摄仪（AMC5100、AMC1050、AMC850）和用于无人机的 ARC 系列倾斜航空摄影系统（ARC342、ARC524、ARC336）。

AMC5100 倾斜数码航摄仪主要参数和结构见表 3-19。

表 3-19　AMC5100 倾斜数码航摄仪主要参数和结构

系统名称	AMC5100 倾斜数码航摄仪	
型号	AMC5100	
商标	上海航遥 Shanghai Hangyao Information Technology Co.,Ltd	
生产厂商	上海航遥信息技术有限公司	
发布时间	2016 年 3 月	
结构类型	马耳他十字	
传感器数量	5	
传感器厂家	飞思 IXU-R 1 000	
像素数量	11 608 像素×8 708 像素	
传感器类型	CMOS，尺寸 53.4mm×40.0mm	AMC5100 倾斜数码航摄仪参考图片
像元尺寸	4.6μm	
镜头焦距	下视 50mm/倾斜 80mm、垂直 80mm/倾斜 110mm、垂直 110mm/倾斜 150mm	
最短曝光间隔	1s	
相机倾斜角度	45°	
波段	RGB	
系统重量	50kg	
飞行平台	有人驾驶飞机	单次曝光覆盖范围示意图

3.5.3　TOPDC-5 倾斜数码航摄仪

中测新图（北京）遥感技术有限责任公司成立于 2005 年，TOPDC-5 倾斜数码航摄系统是该公司自主研发的一套从航空摄影任务规划到航摄成果质量检查的贯穿整个航空摄影全过程的系统，该系统由 TOPDC-5 倾斜数码航摄仪、TOPNavi 航摄任务飞行管理与控制系统，以及 TOPMount 全自动航摄机稳定平台组成。

TOPDC-5 倾斜数码航摄仪主要参数和结构见表 3-20。

表 3-20 TOPDC-5 倾斜数码航摄仪主要参数和结构

系统名称	TOPDC-5 倾斜数码航摄仪	
型号	TOPDC-5 II	
商标	中测新图 TOPRS	
生产厂商	中测新图（北京）遥感技术有限责任公司	
发布时间	2014 年	
结构类型	马耳他十字	
传感器数量	5	
传感器厂家	Leaf Aptus-II 12	
像素数量	10 320 像素×7 752 像素	
传感器类型	CCD，53.7mm×40.3mm	TOPDC-5 倾斜数码航摄仪参考图片
像元尺寸	5.2μm	
镜头焦距	垂直 47mm/倾斜 80mm	
最短曝光间隔	3.5s	
相机倾斜角度	45°	
波段	RGB	
系统重量	42kg	
飞行平台	有人驾驶飞机	单次曝光覆盖范围示意图

3.6 国内轻型倾斜摄影系统的发展

我国对轻型倾斜摄影系统的研究起步较早，一方面是中小企业用户难以承受国外倾斜摄影系统的昂贵价格，另一方面也是受空域申请和审批流程复杂、气象条件复杂多变、航空摄影飞机和相机等设备数量的限制，使得专业航空摄影队伍完成航空摄影任务的时间难以保证，促使多家单位和公司开始研发能在无人机上使用的，低成本的，轻型、超轻型和微型倾斜摄影系统（统称轻型倾斜摄影系统）。

　　自 2010 年开始，广州市红鹏直升机遥感科技有限公司（简称红鹏公司）先后推出了自主研发的 MODC 系列微型倾斜航空摄影平台、LODC 系列倾斜航空摄影平台、HODC 型倾斜摄影平台等多种用于无人机、动力三角翼、有人驾驶飞机的倾斜摄影系统。自此以后，相当数量的航摄公司、研究单位、无人机制造公司、测绘设备公司等都陆续推出了各自研发的、主要为无人机使用的轻型、超轻型、微型倾斜摄影系统。

　　轻型、超轻型、微型倾斜摄影系统的区别并没有明确的标准，通常是依据其重量和传感器类型来区分的。就民用的普通固定翼和多旋翼无人机来说，其有效载荷普遍低于5 000g，因此，可以按照倾斜摄影系统的重量来定义，轻型倾斜摄影系统的重量一般在1 500～5 000g，超轻型倾斜摄影系统的重量在 500～1 500g，微型倾斜摄影系统的重量在200～500g。当然，以重量定义轻型、超轻型、微型倾斜摄影系统，其前提是其在一次飞行中就可以完成多个方向的倾斜摄影。轻型倾斜摄影系统一般使用单反相机或微单相机，超轻型倾斜摄影系统主要使用微单相机，而微型倾斜摄影系统则使用集成化的手机相机模组或工业相机模组。当采用固定安装方向的单相机或双相机进行倾斜摄影时，由于其载荷重量主要是相机自身的重量，因此轻型和超轻型的定义就没有意义了。

　　从目前市场上的产品来看，轻型和超轻型倾斜摄影系统的传感器主要是采用成品微单相机（以索尼系列的微单相机为主），直接使用或拆改组装，稍有经验的技术人员都可以按照自己的想法，用 2 个、3 个、4 个或 5 个相机加上金属结构件或碳纤维结构件制作倾斜摄影系统，并不存在技术门槛，倾斜摄影系统之间的差异无非就是相机数量、相机倾斜角度、框架运动方式（固定/摆动/转动）、数据存储方式、控制方式等。

　　目前，国内市场常见的轻型倾斜摄影系统主要有两类：一类是传统的"马耳他十字"结构的固定式五相机倾斜摄影系统，一个垂直相机加上 4 个分别朝向 4 个方向的倾斜相机；另一类是以两个相机作为基本单元，以不同的倾斜角度安置和多相位摆动的双相机摆动式倾斜摄影系统。

　　固定式五相机倾斜摄影系统由一个垂直向下的相机和 4 个分别朝前、后、左、右倾斜的相机组成，倾斜角度一般在 35°～45°。选择使用全幅面传感器的相机时，镜头焦距一般为 35mm 或 50mm；选择 APS-C 幅面传感器的相机时，镜头焦距一般为 20mm 或 35mm。固定式五相机倾斜摄影系统既可以在多旋翼无人机上使用，也可以在固定翼无人机上使用，在每个曝光点上一次曝光可获取 5 张不同方向的影像。

　　标准的双相机三摆动式倾斜摄影系统由两个分别朝左和朝右倾斜 30°对置的相机构成，而摆动机构则使相机可以沿飞行方向朝前和朝后摆动，摆动角也为 30°左右，一个曝光周期内 3 次曝光（分别为后视—下视—前视）可获取 6 张影像。由于双相机三摆动式倾斜摄影系统具有摆动机构，具有一定的运动惯量，且需要较大的安放空间，因此一般只能在多旋翼无人机上使用，并不适用于固定翼无人机。

　　为了提高倾斜摄影的飞行作业效率，根据对双相机三摆动式倾斜摄影系统影像覆盖范围和其建模效果的研究，又提出了使用固定式双相机、采用加密航线飞行和使用固定式单相机、采用双加密航线飞行的倾斜摄影飞行模式，进一步完善了使用双相机进行倾斜摄影的技术路线。

　　据不完全统计，截至 2017 年年底，国内宣布具有轻型或超轻型倾斜摄影系统正式产品的单位超过了 40 家。虽然品牌和产品众多，但产品结构大同小异，技术性能和指标主要取决于选择使用的相机的性能，无论是产品销售的数量还是品牌认知度，都没有明显差异。

多数倾斜摄影系统使用了索尼的微单相机，如 A5100 系列、A6000 系列、QX 系列、A7 系列、RX 系列等，鲜见使用其他品牌的相机产品。

部分国产轻型五相机倾斜摄影系统的结构和样式如图 3-6 所示。

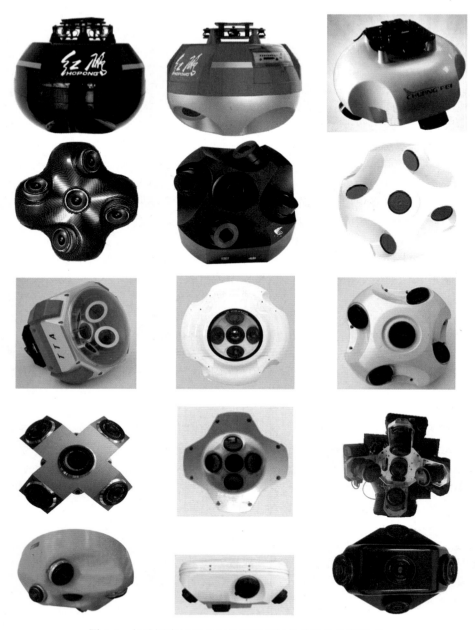

图 3-6 部分国产轻型五相机倾斜摄影系统的结构和样式

部分国产双相机倾斜摄影系统的结构和样式如图 3-7 所示。

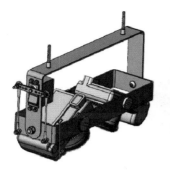

图 3-7　部分国产双相机倾斜摄影系统的结构和样式

　　另一个掀起国内对轻型倾斜摄影系统研发和应用热潮的原因是倾斜摄影三维建模软件的系统功能不断完善、计算效率持续提高、自动化程度趋于完美。优秀的倾斜摄影三维建模软件，可以在只有倾斜影像本身的情况下自动完成三维建模计算，而不需要常规摄影测量中必须提供的相机检校参数、镜头畸变参数、外业控制点数据等。这样，不仅大大降低了对传感器和飞行过程的技术要求，也降低了对倾斜影像进行三维建模处理的技术要求，倾斜摄影三维建模就形成了"只要照片数量足够多，只要影像分辨率足够高"的简单认知。

　　由于用于无人机的轻型倾斜摄影系统多数是使用商品化的微单相机或其组件，因此其主要性能和技术参数与其使用的相机型号一致，不同的只是系统使用的相机数量、倾斜角度、结构特征等。

　　也有公司采用微型工业相机或手机相机模组进行微型倾斜摄影系统的研发，但受限于其曝光速度、成像质量等因素，在市场上并未得到认可。

3.7　倾斜摄影系统的传感器数量和倾斜角度

　　倾斜摄影系统的结构是随着用户对倾斜摄影成果的需求和照相机的发展而演进的。

　　早期倾斜摄影系统中传感器的数量和倾斜角度是根据用户使用要求设置的。就军事侦察而言，在与目标区域尽可能远的距离获取尽可能大的地表覆盖范围是基本要求。因此在早期使用干板或胶片感光材料时，从最早按照"左视 45°、下视 0°、右视 45°"的三相机布局，到后期普遍采用"前视 45°、后视 45°、左视 45°、下视 0°、右视 45°"的五相机布局，使得单一飞行航线的影像覆盖宽度就可以达到只有下视相机时的 3～5 倍。

　　至于倾斜相机的倾斜角是 45°、35° 还是 30°，既与倾斜相机的幅面、镜头焦距和传感器数量有关，也与倾斜摄影照片的使用方法有关。早期的倾斜摄影系统主要是为了获取尽可能大范围的影像和建筑物的侧面影像，所以一般采用比较大的倾斜角。根据不同的相机幅面和镜头焦距，为了保证下视影像和倾斜影像之间有一定的重叠，通常倾斜相机的倾斜角在 45° 左右，重量一般有几十 kg，主要在有人驾驶飞机上安装使用，飞行高度较高。为了保证与下视相机具有相近的影像地面分辨率，倾斜相机一般采用比垂直相机更长的镜头焦距。一般组合有垂直 35mm/倾斜 50mm、垂直 50mm/倾斜 80mm 等。这样镜头组合的优点是下视影像和倾斜影像具有相近的地面分辨率，同一建筑物的顶面和各个侧面具有相同的影像分辨率，便于人工判读和纹理提取。但缺点是各方向影像的相关性较差，可能会影响计算机自动匹配的效率和效果。

随着倾斜摄影三维建模软件的发展，我们可以在只有倾斜影像的情况下，由计算机自动地建立精细的三维模型，而不必再通过"人工建模+纹理贴图"或"三维激光扫描+自动纹理贴图"等方式建立三维模型，其三维建模的效果和精度主要取决于影像地面分辨率和覆盖度这两个指标。因此，使用倾斜摄影系统的目的就逐步演化为获得倾斜影像并通过倾斜摄影三维建模软件自动建立地表三维模型了。伴随这种转变，倾斜摄影系统的结构和倾斜摄影方法也必然要进行改进。

理论上说，使用五相机的倾斜摄影系统进行单次飞行，与使用一个相机分别朝 5 个方向各飞行一次，其照片数量和倾斜方向是完全一样的，只是飞行的时间相差五倍。在使用有人驾驶飞机进行倾斜摄影时，一是由于飞机载重量大，对倾斜摄影系统的重量不敏感，二是为了提高飞行效率，希望一次搭载尽可能多的传感器，因此五镜头倾斜摄影系统就成为主流装备。当然，针对特定需求，也有七镜头、九镜头甚至十三镜头的倾斜摄影系统。

随着消费级无人机技术和产品的普及，使用多旋翼无人机、超轻型固定翼无人机、垂直起降固定翼无人机进行航空摄影和倾斜摄影逐渐成为一种主要的低空航空摄影作业方式。而民用无人机的载重量普遍较小，通常在 0.5～2kg，无法承载传统的以测量型相机或单反相机为传感器的多相机倾斜摄影系统，使得部分研究机构、无人机制造商和测绘生产单位开始尝试用消费级的微单数码相机进行航空摄影和倾斜摄影，因此开启了应用于无人机的轻型倾斜摄影系统的研发工作。

在轻型倾斜摄影系统研发的初期，多数公司延续了"马耳他十字"结构的五相机倾斜摄影系统，无论是直接使用 5 个完整的微单相机组合拼装起来，还是将 5 个独立的"镜头+传感器"组合为一个完整的系统，其成果都是在同一曝光点位置可以同时获取的垂直向下的影像和 4 个方向的倾斜影像。以至于在一段时间内，一说到倾斜摄影，好像就必须使用五相机倾斜摄影系统。随着倾斜摄影实践的不断深入和三维建模软件功能的不断提升，对倾斜摄影技术本身的研究和探索也越来越深入，人们逐渐认识到不是只有 5 台相机才能进行倾斜摄影，3 台相机、两台相机甚至一台相机，同样可以执行倾斜摄影任务。2014 年，市场上开始出现了使用两个微单相机的双相机三相位摆动式倾斜摄影系统。

使用双相机进行倾斜摄影的创意源自李京伟、左正立团队在进行无人机倾斜摄影实验过程中的成果。2013 年 5 月，Acute3D 公司发布了倾斜摄影三维建模软件 Smart3DCapture v2.0；同期，香港科技大学权龙教授的团队也推出了类似的倾斜摄影三维建模软件 Altizure。这两款软件的主要优点是只需输入倾斜摄影影像就可以全自动地完成三维建模。在此背景下，李京伟、左正立团队通过对五相机倾斜摄影系统摄影方法的分析，并在逐一试验了单相机+五个方向+五次飞行、双相机+左或右倾斜和垂直+相同航线两次飞行、双相机+左右倾斜+十字交叉飞行、双相机+左右倾斜+前后倾斜+相同航线两次飞行等多种组合方式后，于 2014 年初率先提出了"双相机+三相位摆动+一次飞行"的倾斜摄影系统结构和方法，并由李京伟和谭骏翔共同设计、制作了最早的双相机三相位摆动式倾斜摄影系统，双相机三相位摆动式倾斜摄影系统原型结构、影像覆盖范围及航线敷设方法示意图，如图 3-8、图 3-9 所示。

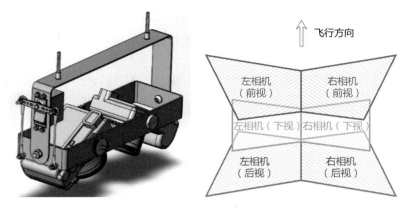

图 3-8　双相机三相位摆动式倾斜摄影系统原型结构和影像覆盖范围示意图

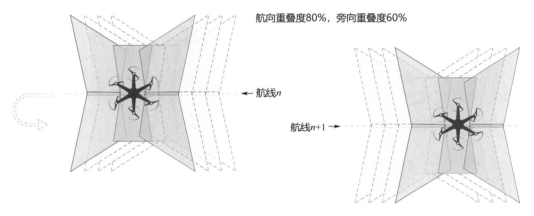

图 3-9　双相机三相位摆动式倾斜摄影系统航线敷设方法示意图

　　与传统的五相机倾斜摄影系统相比，双相机三相位摆动式倾斜摄影系统在一个曝光周期内（后视—下视—前视）可以获取 6 张不同方向的倾斜影像，仅用两台相机就实现了五台相机的覆盖效果，不仅减轻了系统的重量，降低了系统的价格，还保证了飞行效率。双相机三相位摆动式倾斜摄影系统的倾斜角度和摆动角度一般在 30°左右，既保证左右相机的影像有少量重叠从而避免漏洞，又使影像具有足够的倾斜角度。

3.8　倾斜摄影飞行方法

　　在对倾斜摄影系统进行研究的同时，对倾斜摄影飞行时航线敷设方法的探索也进入了一个新的阶段。对倾斜摄影飞行方法研究的主要目的是探寻在保证三维模型重建效果的前提下，什么样的无人机、什么样的相机、什么样的航线敷设方法具有较低的硬件成本和较高的作业效率。

　　与常规航空摄影 70%的航向重叠度和 35%的旁向重叠度要求相比，倾斜摄影的航向重叠度和旁向重叠都需要加大，一般航向重叠度要达到 80%，旁向重叠度要达到 60%。这里所说的重叠度是按照传统航空摄影测量规范中的垂直摄影的方法计算的，而不能按照倾斜摄影系统的实际覆盖范围来计算。

飞行航线可以根据所使用的倾斜摄影系统进行敷设，通常情况下，按照东西飞行或南北飞行的常规航线敷设方法就可以满足三维建模对照片数量和照片角度的要求，不需要敷设十字交叉航线。

概括起来，倾斜摄影航线敷设和飞行方法主要有以下 3 种。

（1）标准航线敷设飞行：航向重叠度 80%、旁向重叠度 60%左右，S 形航线，单次飞行，适用于固定翼或多旋翼无人机+五镜头倾斜摄影系统，也适用于多旋翼无人机+双镜头摆动式倾斜摄影系统。

（2）加密航线敷设飞行：航向重叠度 80%、旁向重叠度 80%左右，S 形航线，单次飞行，适用于固定翼或多旋翼无人机结合固定倾斜角度的双相机系统。

（3）双加密航线敷设飞行：航向重叠度 80%、旁向重叠度 80%左右，S 形航线，两次飞行，适用于固定翼或多旋翼无人机结合固定倾斜角度的单相机系统。

试验结果表明，对于影像地面分辨率要求优于 2cm/px 的倾斜摄影，应使用多旋翼无人机进行飞行，飞行高度为 100～200m，飞行速度不超过 8m/s，相机快门速度优于 1/1 250s。对于影像地面分辨率要求在 5cm/px 的倾斜摄影，可以使用固定翼无人机进行飞行，飞行高度为 300～400m，飞行速度不超过 20m/s，相机快门速度优于 1/1 600s。此外，当左右相机的倾斜影像具有一定的旁向重叠时，可以不需要单独的下视影像。

3.8.1　标准航线敷设飞行

标准航线敷设飞行是指按照航向重叠度 80%、旁向重叠度 60%左右，按区域形状的规则布设 S 形航线，使用固定翼或多旋翼无人机结合五相机倾斜摄影系统或多旋翼无人机结合双相机摆动式倾斜摄影系统，采用单次飞行的方法进行的倾斜摄影飞行。对建筑物密度较大或高层建筑物较多的地区，旁向重叠度可以提高到 70%或 80%。

固定翼或多旋翼无人机结合固定式五相机的倾斜摄影航线敷设方法如图 3-10 所示。

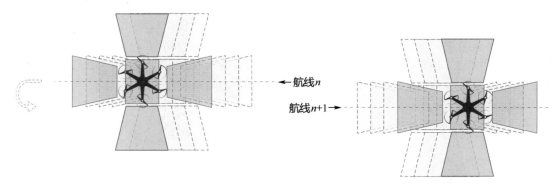

图 3-10　固定翼或多旋翼无人机结合固定式五相机的倾斜摄影航线敷设方法

使用多旋翼无人机和双镜头三相位摆动式倾斜摄影系统时，由于其在一个曝光周期内可以获取 6 张倾斜影像，也可以按照航向重叠度 80%、旁向重叠度 60%来敷设航线，如图 3-11 所示。

航向重叠度80%，旁向重叠度60%
←航线n
航线n+1 →

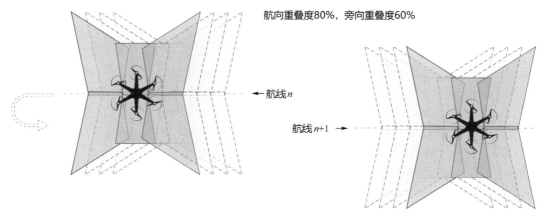

图 3-11　多旋翼无人机结合三相位摆动式双相机的倾斜摄影方法

3.8.2　加密航线敷设飞行

加密航线敷设飞行是指按照航向重叠度 80%、旁向重叠度 80%、按区域形状的规则布设 S 形航线，使用固定翼或多旋翼无人机结合固定倾斜角度的双相机系统，采用单次飞行的方法进行的倾斜摄影飞行。对建筑物密度较大或高层建筑物较多的地区，可以按照航向重叠度 80%、旁向重叠度 50%的规则增加一次垂直摄影，以提高目标区域的照片覆盖度。

使用加密航线敷设飞行方法的目的是在使用有限相机数量的前提下，简化航线设计和飞行操作，提高飞行效率。其主要方法是通过设置高重叠度的旁向重叠，替代原本需要在同一航线上进行的往返飞行，保证了在同一曝光点位置有 4 张朝向不同方向的倾斜影像，满足倾斜摄影三维建模计算对照片数量和方向的要求。固定翼无人机结合双相机系统采用单次飞行的倾斜摄影方法如图 3-12 所示。

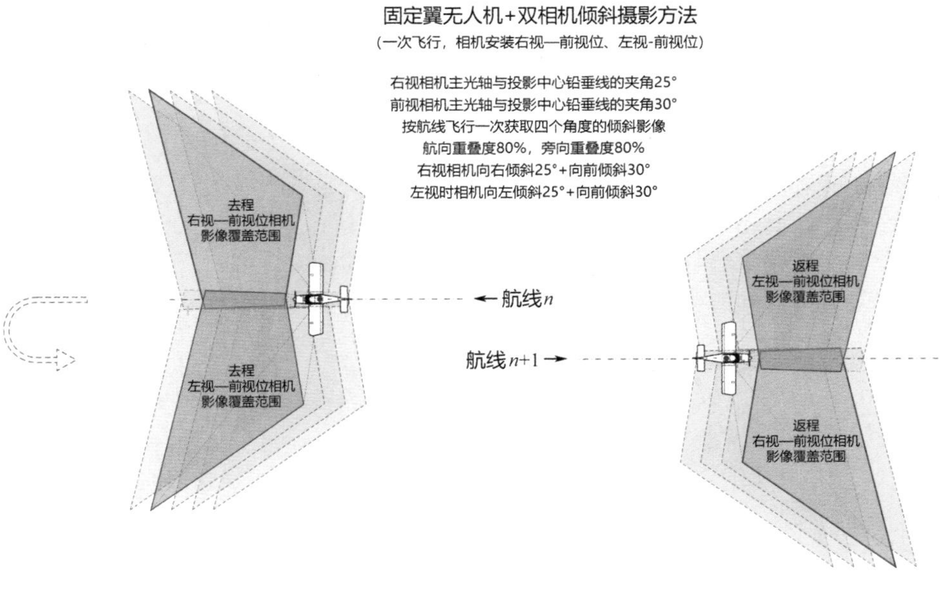

固定翼无人机+双相机倾斜摄影方法
(一次飞行，相机安装右视—前视位、左视-前视位)
右视相机主光轴与投影中心铅垂线的夹角25°
前视相机主光轴与投影中心铅垂线的夹角30°
按航线飞行一次获取四个角度的倾斜影像
航向重叠度80%，旁向重叠度80%
右视相机向右倾斜25°+向前倾斜30°
左视时相机向左倾斜25°+向前倾斜30°
去程
右视—前视位相机
影像覆盖范围
←航线n
去程
左视—前视位相机
影像覆盖范围
返程
左视—前视位相机
影像覆盖范围
航线n+1 →
返程
右视—前视位相机
影像覆盖范围

图 3-12　固定翼无人机结合双相机系统采用单次飞行的倾斜摄影方法

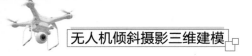

3.8.3　双加密航线敷设飞行

双加密航线敷设飞行是比较极端的情况，即只用一架无人机和一台固定方向的相机进行倾斜摄影，与加密航线敷设飞行相同的是同样按照航向重叠度 80%、旁向重叠度 80%、按区域形状的规则布设 S 形航线，不同的是双加密航线敷设飞行要飞行两次，且相机的朝向不同。第一次飞行时，相机朝向左前方（朝左 25~30°＋朝前 30°）放置，按照航向重叠度 80%、旁向重叠度 80% 的规则进行飞行；第二次飞行时，相机朝向右前方（朝右 25~30°＋朝前 30°）放置，按照航向重叠度 80%、旁向重叠度 80% 的规则进行飞行。这样，也能保证在同一曝光点位置附近有 4 张不同方向的倾斜影像。固定翼无人机结合单相机系统进行两次飞行的倾斜摄影方法如图 3-13 所示。

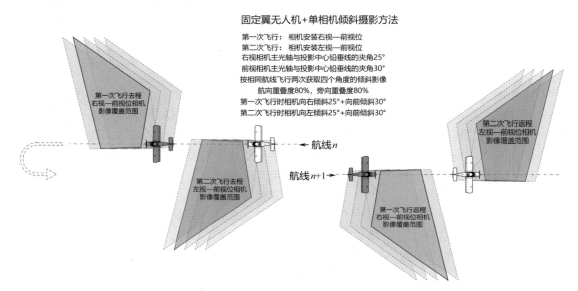

图 3-13　固定翼无人机结合单相机系统进行两次飞行的倾斜摄影方法

3.8.4　十字交叉航线敷设飞行

除按照标准航线敷设飞行、加密航线敷设飞行、双加密航线敷设飞行 3 种方法进行倾斜摄影飞行外，早期还采用十字交叉法进行倾斜摄影飞行。

虽然十字交叉法飞行与上述 3 种飞行方法所得到的倾斜影像，无论数量还是覆盖范围都基本相同，但由于其航线设计和实际飞行时受地形因素影响较大、灵活性较差，现已较少采用。

第 4 章　倾斜摄影航线设计

在对倾斜摄影系统进行研究的同时，国内对倾斜摄影的航线敷设和飞行方法的探索也取得了一定的成果。

研究倾斜摄影航线敷设和飞行方法的主要目的是探寻在保证三维模型重建效果的前提下，用什么样的飞机、什么样的倾斜摄影系统、什么样的航线敷设方法具有较低的硬件成本和较高的作业效率。倾斜摄影航线设计主要有两个方面的工作：一方面是要根据用户的要求和任务区的情况选择适当的飞行平台和倾斜摄影飞行方法；另一方面要进行飞行范围的划定和航线的设计。

4.1　倾斜摄影范围划定

进行倾斜摄影时，首先要标明任务区域，然后根据任务区域的形状和地形情况等划定建模范围，最后再确定飞行范围。而航线设计的依据是最后确定的飞行范围。根据倾斜摄影三维建模的要求，为了保证任务区域边缘三维模型的质量和效果，建模范围应至少超出任务区域外侧 1 个航高的距离。

任务区域是指用户要求倾斜摄影三维建模的最小区域可以是一组坐标围合的多边形区域，也可以是一个封闭行政区域，或是一条指定中心线和一定宽度的带状区域等。

建模范围是依据任务区域、以一定外扩距离绘制的最小外接多边形区域。外扩距离应至少要超出任务区域外围 1 个航高的距离，且多边形每一边的长度不小于 1 个航高。

飞行范围是在建模范围的基础上，综合考虑所使用的无人机类型、飞行分区的划分、航线设计的便利性、任务区域的地形情况等因素，再次进行外扩综合后所划定的范围。飞行范围多边形每一条边的长度，应根据航线敷设的方向和无人机的类型进行确定。当使用多旋翼无人机进行倾斜摄影时，与航线敷设方向平行的多边形边长不要小于 1 000m，与航线敷设方向垂直的多边形边长不要小于 500m；当使用固定翼无人机进行倾斜摄影时，与航线敷设方向平行的多边形边长不要小于 2 000m，与航线敷设方向垂直的多边形边长不要小于 1 000m。

任务区域、建模范围、飞行范围划定示意图如图 4-1 所示，任务区域是一个行政管辖的范围，建模范围是确保对任务区域全覆盖所需要的三维模型范围，而飞行范围则是最后航线设计所依据的范围，也是最外侧航线或曝光点需要覆盖的范围。

为了便于范围划定、任务分工和成果管理，飞行范围建议按照标准高斯投影或 UTM 投影的整千米格网线进行绘制。

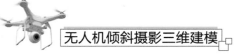

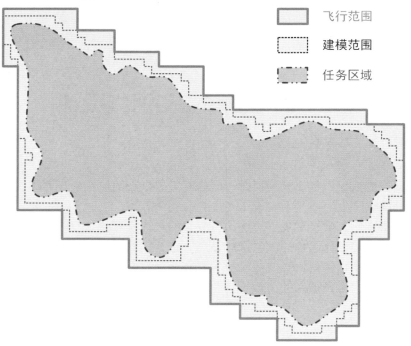

图 4-1　任务区域、建模范围、飞行范围划定示意图

4.2　飞行平台的选择

适合倾斜摄影的无人机平台主要有三类：一是多旋翼无人机，以六旋翼和八旋翼无人机为主，起飞重量一般小于 7kg；二是超轻型电动固定翼无人机，起飞重量一般为 5～10kg，手抛或弹射起飞，滑降或伞降；三是轻型垂直起降固定翼无人机，起飞重量一般小于 15kg，起飞和降落时利用多旋翼或倾转旋翼机构进行垂直起降，巡航平飞时与固定翼飞机相同。

多旋翼无人机的优点是起飞重量轻、对起降场地要求低、飞行速度可控、可低空飞行、操作维护相对简便等，但缺点也比较明显，主要是续航时间短（15～30min）、有效负载低（1～2kg）、每个架次的续航里程一般在 5km 左右。超轻型电动固定翼无人机的续航时间一般在 60min 左右、续航里程一般在 60km 左右、但有效负载小（1kg 左右）、飞行速度较快（20m/s 左右）。而垂直起降无人机的起飞重量较大、续航时间一般在 60～90min、续航里程一般在 90km 左右、飞行速度较快（20m/s 左右）。

实际作业结果表明，为了尽量减少影像位移对影像清晰度的影响，应将影像位移量控制在影像地面分辨率值的 25% 以内。因此，对于影像地面分辨率为 2cm/px 左右的倾斜摄影，只能使用多旋翼无人机进行飞行，飞行高度为 100～200m、飞行速度不超过 8m/s、相机快门速度优于 1/1 250s。这样，三维模型的精度在 10cm 左右，可以满足多数情况下对建筑物的建模精度要求和量测要求，综合精度可以达到 1:500 比例尺的要求。

而对于影像地面分辨率要求在 5cm/px 左右的倾斜摄影，则可以使用固定翼无人机或垂直起降固定翼无人机进行飞行，飞行高度为 300～500m、飞行速度不超过 20m/s、相机快门速度优于 1/1 600s。这样，三维模型的精度在 20cm/px 左右，可以满足多数情况下对各类地物地貌的建模精度要求和量测要求，综合精度可以达到 1:1 000 和 1:2 000 比例尺的要求。

油动或混合动力的固定翼无人机，虽然具有续航时间长、有效负载大的优点，但由于飞机自重较大、保养维护要求高，相对于多旋翼无人机和超轻型电动固定翼无人机而言性价比低，且发生事故后的危险性高，并不适合以低空、低速、密集短航线为特点的倾斜摄影飞行。

4.3 倾斜摄影系统的选择

倾斜摄影系统的选择主要考虑以下几方面的内容。

（1）相机数量和类型。

（2）相机倾斜角度。

（3）镜头焦距。

（4）快门速度。

（5）连续曝光周期。

4.3.1 相机数量和类型

倾斜摄影三维建模要求获取建模区域多角度多重叠的倾斜影像（倾斜照片），但并不是说只有用 5 台相机进行的倾斜摄影才叫倾斜摄影，也不是只有 5 台相机的倾斜摄影系统才叫倾斜摄影系统。事实上，是否叫倾斜摄影、是否是倾斜摄影系统，与相机的数量并无直接关系，而是由进行倾斜摄影相机的倾斜角度、相机朝向、照片覆盖范围和覆盖率、航线敷设方式等因素来判断的。

举一个极端的例子：我们可以使用一台相机，分别按照前视、后视、左视、右视、下视的朝向，以相同的航线各飞行一次，一样可以获取 5 个方向的倾斜影像，其效果与使用 5 台相机的倾斜摄影系统进行一次飞行获取 5 个方向的影像的效果相同，差异主要在于影像的曝光时点不同和作业效率不同。

因此，根据不同的任务需求和作业要求，选择不同的倾斜摄影系统、飞行平台和飞行方式是执行倾斜摄影任务的首要环节。

一台成品微单相机（含镜头）的重量通常在 0.5kg 左右，一台单反相机（含镜头）的重量通常在 1kg 以上。而一套五相机倾斜摄影系统重量一般要超过 2kg。对无人机来说，负载越大，续航时间越短，负载大也需要使用更大的无人机，硬件成本也随之增加。当使用一台相机进行倾斜摄影时，我们可以选择使用的无人机种类很多；而使用 5 台相机的倾斜摄影系统时，对无人机的载荷指标就提出了较高的要求，可选机型的种类就不多了，其价格自然也不低。

综合考虑硬件成本、飞行效率、组织实施等多方面的因素，针对不同影像分辨率和三维建模精度的要求，给出以下选取原则。

（1）进行 2cm/px 左右影像分辨率的倾斜摄影时，应选择使用多旋翼无人机和双相机三相位摆动式倾斜摄影系统或五相机固定式倾斜摄影系统。

（2）进行 5cm/px 左右影像分辨率的倾斜摄影时，应选择使用固定翼无人机和双相机固定式倾斜摄影系统。

相机以全画幅或 APS-C 画幅的微单相机为首选。而单反相机因其体积较大和重量较重，并不适合放置在小型无人机上进行倾斜摄影。

4.3.2 相机倾斜角度

从倾斜影像三维建模的效果来看，只要相机的倾斜角度在 25°～45°，三维建模软件就可以较好地恢复三维模型的结构和侧面纹理。

目前，市场上多数五相机倾斜摄影系统的相机倾斜角度是 45°，即前视 45°、后视 45°、左视 45°、右视 45°、下视 0°，少数几款倾斜摄影系统的相机倾斜角度在 35° 左右。

双相机三相位摆动式倾斜摄影系统的相机倾斜角度一般在 30° 左右，即左右相机各倾斜 30°，朝向两侧放置、前后摆动 30° 左右。双相机三相位摆动式倾斜摄影系统在一个曝光周期（后视一下视一前视）内，可获取 6 张朝向不同的照片，其中左侧相机可获取左视 30°+后视 30°、左视 30°+下视 0°、左视 30°+前视 30° 的 3 张照片；右侧相机可获取右视 30°+后视 30°、右视 30°+下视 0°、右视 30°+前视 30° 的 3 张照片。

双相机固定式倾斜摄影系统的相机倾斜角度一般在 30° 左右，左相机朝左 30°+朝前 30° 倾斜放置，右相机朝右 30°+朝后 30° 倾斜放置。当无人机按照 80% 左右的旁向重叠度沿 S 形航线顺序飞行时，其结果可以看作是在一个曝光点位置附近有 4 张朝向 4 个不同方向的倾斜照片。

如果使用单相机进行倾斜摄影，可按照使用双相机固定式倾斜摄影系统的方法设计航线，即按照 80% 左右的旁向重叠度沿 S 形航线顺序飞行，但需要进行两次飞行。第一次飞行时，相机朝左 30°+朝前 30° 倾斜放置；第二次飞行时，相机朝右 30°+朝后 30° 倾斜放置。其结果也是在一个曝光点位置附近有 4 张朝向不同的倾斜照片。但需要注意的是，应尽量缩短两次飞行的时间间隔，最好的方法是采用双机同时作业的方式进行。

4.3.3 镜头焦距

用于无人机的倾斜摄影系统，一般都使用微单相机并搭配固定焦距的镜头，镜头的焦距一般在 30～50mm（按全画幅相机），以减小和控制影像的变形。根据实际作业经验，倾斜摄影系统不宜使用变焦镜头和超广角镜头。

对于 APS-C 画幅的微单相机，通常使用 20mm 焦距的镜头，也有个别系统使用 35mm 焦距的镜头。对于全画幅的微单相机或单反相机，一般使用 35mm 焦距或 50mm 焦距的镜头。

为了保证影像地面分辨率，有些五相机倾斜摄影系统的下视相机和倾斜相机使用了不同焦距的镜头组合。例如，下视相机使用 35mm 焦距的镜头，倾斜相机使用 50mm 焦距的镜头。

镜头焦距与传感器幅面尺寸、影像地面分辨率、相对航高等参数之间的关系，可以用以下公式表示。

$$\frac{f}{h} = \frac{\delta}{R}$$

式中：f 为镜头焦距，单位为 mm；h 为相对航高，单位为 m；δ 为像元尺寸，单位为 mm；R 为影像地面分辨率，单位为 m/px。在像元尺寸 δ 和影像地面分辨率 R 不变的情况下，飞机的航高随着镜头焦距的增加而增大。

为了保证飞行安全和每张照片都有足够的成像范围，飞机距飞行区域内最高点（建筑物、树木、山顶等）的相对高度应不小于 50m。如果建筑物高度超过 100m，为保证飞行安全和地面部分的影像分辨率，应改用较长焦距的镜头。

4.3.4　快门速度

对于倾斜摄影而言，相机快门速度主要影响像点位移（像移）的大小。由于无人机倾斜摄影系统都不具备像移补偿装置，使得无人机的飞行速度越快，快门速度越低，影像的位移值越大，影像的清晰度就越低，就会对三维模型的精度和清晰度产生不利的影响。为了保证影像的清晰度，需要将像移限制在一定的范围内。像点位移量计算公式如下。

$$\delta = v \times t$$

从上式可以看出，飞行速度越快、曝光时间越长（快门速度越低），像点位移量 δ 越大。要减小像点位移量，就要降低飞行速度、缩短曝光时间（提高快门速度）。

因此，仅就减小像点位移量而言，无人机的飞行速度越慢越好，相机的快门速度越快越好。但为了保证一定的飞行效率和曝光量，就需要在飞行速度和快门速度之间找到一个平衡。根据实际作业经验，为了保证三维模型的效果，像点位移量的限差应小于影像地面分辨率的 25%。无人机的飞行速度、相机快门速度、像点位移量的关系见表 4-1 和表 4-2。

表 4-1　无人机的飞行速度、相机快门速度、像点位移量的关系（多旋翼）

无人机类型	飞行速度（m/s）			影像地面分辨率（cm/px）			影像地面分辨率（cm/px）			影像地面分辨率（cm/px）		
多旋翼	5	7.5	10	2			3			4		
	飞行速度（km/h）			飞行速度（km/h）			飞行速度（km/h）			飞行速度（km/h）		
	18	27	36	18	27	36	18	27	36	18	27	36
快门速度（s）	像点位移量（cm）（飞行速度×曝光时间）			相对位移量（%）（像点位移量/影像地面分辨率）			相对位移量（%）（像点位移量/影像地面分辨率）			相对位移量（%）（像点位移量/影像地面分辨率）		
1/800	0.63	0.94	1.25	31%	47%	63%	21%	31%	42%	16%	23%	31%
1/1 000	0.50	0.75	1.00	25%	38%	50%	17%	25%	33%	13%	19%	25%
1/1 250	0.40	0.60	0.80	20%	30%	40%	13%	20%	27%	10%	15%	20%
1/1 600	0.31	0.47	0.63	16%	23%	31%	10%	16%	21%	8%	12%	16%
1/2 000	0.25	0.38	0.50	13%	19%	25%	8%	13%	17%	6%	9%	13%

从表 4-1 和表 4-2 中可以看出，为了控制像点位移量，一般应将快门速度设置在 1/1 200s 以上。而这样高的快门速度，一方面对相机的性能有较高的要求，另一方面也要求倾斜摄影要在光照度较好（薄云晴天、晴天等）的情况下进行。

表 4-2　无人机的飞行速度、相机快门速度、像点位移量的关系（固定翼）

无人机类型	飞行速度（m/s）			影像地面分辨率（cm/px）			影像地面分辨率（cm/px）			影像地面分辨率（cm/px）		
多旋翼	15	20	30	4			5			6		
	飞行速度（km/h）			飞行速度（km/h）			飞行速度（km/h）			飞行速度（km/h）		
	54	72	108	54	72	108	54	72	108	54	72	108
快门速度（s）	像点位移量（cm）（飞行速度×曝光时间）			相对位移量（%）（像点位移量/影像地面分辨率）			相对位移量（%）（像点位移量/影像地面分辨率）			相对位移量（%）（像点位移量/影像地面分辨率）		
1/800	1.88	2.50	3.75	47	63	94	38	50	75	31	42	63
1/1 000	1.50	2.00	3.00	38	50	75	30	40	60	25	33	50
1/1 250	1.20	1.60	2.40	30	40	60	24	32	48	20	27	40
1/1 600	0.94	1.25	1.88	23	31	47	19	25	38	16	21	31
1/2 000	0.75	1.00	1.50	19	25	38	15	20	30	13	17	25

4.3.5　连续曝光周期

连续曝光周期是指倾斜摄影系统可以连续曝光的最短时间间隔。由于倾斜摄影的航向重叠度一般要达到 80%，航向相邻曝光点的间距较小，曝光时间间隔较短，这就要求倾斜摄影系统必须具备长时间连续快速曝光的能力。不同飞行速度下航向曝光点的间距和曝光时间间隔见表 4-3。

表 4-3　不同飞行速度下航向曝光点的间距和曝光时间间隔

相机参数	相机型号：全幅 4 200 万像素									
	总像素数	像素数（高度）	传感器幅面	像素数（宽度）	传感器尺寸（宽）（mm）	传感器尺寸（高）（mm）	镜头焦距（mm）	镜头焦距（mm）		单张照片数据量（MB）
	4 200 万	5 304	全画幅	7 952	35.9	24.0	35.0	50.0		42.0

计算参数	参数名称		计量单位	不同飞行速度时曝光时间间隔对比						
	无人机类型		固定翼/多旋翼	多旋翼	多旋翼	多旋翼	多旋翼	固定翼	固定翼	固定翼
	影像地面分辨率		cm/px	1	2	3	4	4	5	6
	垂直照片航向覆盖范围		m	53	106	159	212	212	265	318
	相对飞行高度（35mm 焦距时）		m	77	155	232	309	309	387	464
	相对飞行高度（50mm 焦距时）		m	111	221	332	442	442	553	663
	航向重叠度		%	80	80	80	80	80	80	80
	航向曝光点间距		m	10.6	21.2	31.8	42.4	42.4	53.0	63.6
	飞行速度（m/s）与曝光时间间隔 s	5	曝光时间间隔 s	2.1	4.2	6.4	8.5			
		7.5	曝光时间间隔 s	1.4	2.8	4.2	5.7			
		10	曝光时间间隔 s	1.1	2.1	3.2	4.2			
		15	曝光时间间隔 s					2.8	3.5	4.2
		18	曝光时间间隔 s					2.4	2.9	3.5
		20	曝光时间间隔 s					2.1	2.7	3.2
		25	曝光时间间隔 s					1.7	2.1	2.5
		30	曝光时间间隔 s					1.4	1.8	2.1

就高档消费级数码相机而言，其连续曝光的周期一般都小于 1s，基本满足倾斜摄影系统连续曝光周期的需求。但目前部分使用微单相机或单反相机重新进行改装的倾斜摄影系统，为了减轻重量和简化操作，对相机结构进行了减重改装，并采取了集中数据存储的模式，系统的最小曝光周期（连续曝光时间间隔）有所延长，在进行高分辨率倾斜摄影时可能难以保证航向重叠度 80%的要求。

4.4　倾斜摄影航线敷设和飞行方法

与常规垂直航空摄影 70%的航向重叠度和 35%的旁向重叠度要求相比，倾斜摄影的航向重叠度和旁向重叠都需要加大。根据实际三维建模的效果，如果使用五相机倾斜摄影系统或双相机三相位摆动式倾斜摄影系统，一般航向重叠度要达到 80%，旁向重叠度要达到 60%。倾斜摄影航线敷设和飞行方法主要有以下几种。

（1）标准航线飞行。航向重叠度 80%、旁向重叠度 60%、S 形航线、单次飞行。适用于固定翼或多旋翼无人机+五相机倾斜摄影系统，也适用于多旋翼无人机+双相机摆动式倾斜摄影系统。

（2）加密航线飞行。航向重叠度 80%、旁向重叠度 80%、S 形航线、单次飞行。适用于固定翼或多旋翼无人机+固定倾斜角度的双相机系统。

（3）双加密航线飞行。航向重叠度 80%、旁向重叠度 80%、S 形航线、两次飞行。适用于固定翼或多旋翼无人机+固定倾斜角度的单相机系统。

（4）十字交叉航线飞行。航向重叠度 80%、旁向重叠度 40%～60%、十字交叉航线、单次飞行。适用于固定翼或多旋翼无人机+五相机倾斜摄影系统，也适用于固定翼无人机+固定倾斜角度的双相机系统。但十字交叉航线飞行在实践中存在航线设计受地形限制较多、照片关联性较差等问题，近来已很少采用。

（5）环绕航线飞行。对于固定地点或单体建筑物等小面积的倾斜摄影，可以采用标准航线飞行，也可以采用手动环绕飞行的模式进行倾斜摄影，照片的重叠度和航线位置则根据建模要求和效果等经验值进行设置。

（6）手控飞行。当对被摄区域或建筑物等三维建模有更多要求时，如低空、近距离、沿街道、无死角、高精细度等特殊要求，可以采用手控飞行的方法进行倾斜摄影。

为了简化航线设计的复杂度，充分利用航线设计软件或飞控软件的航线自动设计功能，飞行范围应为矩形或多边形区域，并按直线敷设航线，除非是手控飞行或环绕飞行。

4.4.1　标准航线飞行

标准航线飞行是指按照航向重叠度 80%、旁向重叠度 60%，按飞行范围形状布设 S 形航线，单次飞行的倾斜摄影方法。应当注意的是，为了保证摄区边缘三维建模的完整性，最外侧航线和航线两端最外侧曝光点的位置应外扩至少 1.5 倍航高的距离。多旋翼无人机标准航线飞行航线敷设示意图如图 4-2 所示。固定翼无人机标准航线飞行航线敷设示意图如图 4-3 所示。图中黑色粗实线代表设计航线，虚线为飞机进入航线前后的飞行路线。

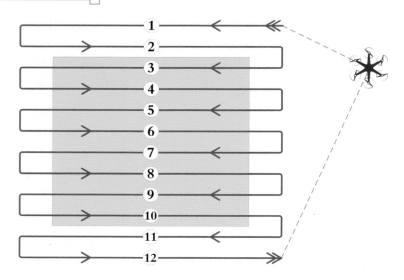

图 4-2　多旋翼无人机标准航线飞行航线敷设示意图

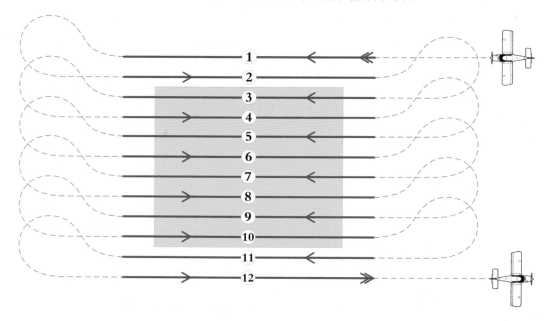

图 4-3　固定翼无人机标准航线飞行航线敷设示意图

　　按照标准航线飞行，航线一般沿东西方向敷设和飞行，也可以随飞行范围的形状沿任意方向敷设。

　　标准航线飞行方法适用于"基于无人机平台的五相机倾斜摄影系统"或"基于无人机平台的摆动式倾斜摄影系统"。对建筑物密度较大或高层建筑物较多的地区，旁向重叠度可以提高到 70%或 80%。基于无人机平台的五相机倾斜摄影系统进行单次飞行如图 4-4 所示。基于无人机平台的摆动式倾斜摄影系统进行单次飞行如图 4-5 所示。

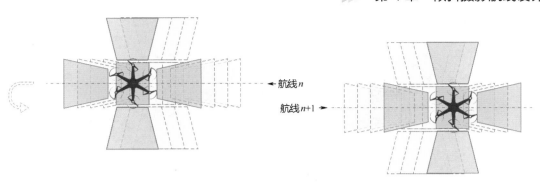

图 4-4   基于无人机平台的五相机倾斜摄影系统进行单次飞行

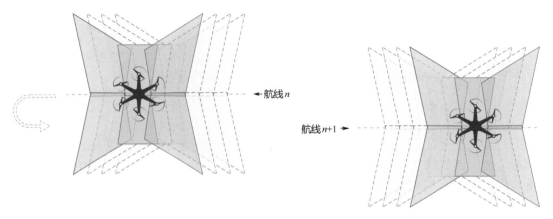

图 4-5   基于无人机平台的摆动式倾斜摄影系统进行单次飞行

4.4.2   加密航线飞行

　　加密航线飞行是指按照航向重叠度 80%、旁向重叠度 80%，按摄区形状布设 S 形航线，使用固定翼或多旋翼无人机+固定倾斜角度的双相机系统，采用单次飞行的方法进行的倾斜摄影飞行。对建筑物密度较大或高层建筑物较多的地区，在对建模效果进行评估后，如果确有必要，可按照航向重叠度 80%、旁向重叠度 50%的要求增加一次正射摄影，以提高目标区域的照片覆盖度。

　　加密航线飞行的航线敷设方法和飞行方法与标准航线飞行基本相同，只是旁向重叠度由 60%提高到了 80%。

　　使用加密航线飞行方法的目的是在使用两台相机的情况下，通过设置每台相机的固定倾斜角度的方法获取多方向的倾斜影像，从而简化航线设计和飞行操作。其主要方法是通过设置高重叠度的旁向重叠，替代原本需要在同一航线上进行的往返飞行，保证了在同一曝光点位置附近有 4 张朝向不同的倾斜影像，满足倾斜摄影三维建模计算对照片数量和方向的要求。加密航线飞行中，固定翼无人机+双相机+单次飞行的倾斜摄影方法如图 4-6 所示。

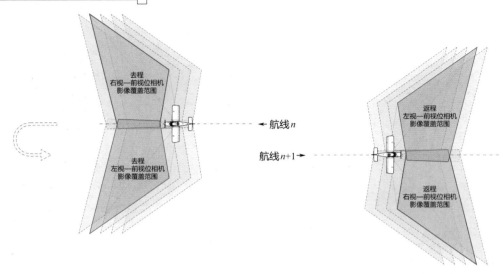

图 4-6　固定翼无人机+双相机+单次飞行的倾斜摄影方法

4.4.3　双加密航线飞行

双加密航线飞行是比较极端的情况，即只用一架无人机和一台固定方向的相机进行倾斜摄影。与加密航线飞行相同的是，双加密航线飞行也是按照航向重叠度 80%、旁向重叠度 80%、按摄区形状布设 S 形航线。而不同的是，双加密航线飞行要飞行两次，且两次飞行时相机要分别朝向不同的方向。

第一次飞行时，相机朝向左前方（朝左 30°+朝前 30° 左右），按照航向重叠度 80%、旁向重叠度 80%进行飞行；第二次飞行时，相机朝向右前方（朝右 30°+朝前 30° 左右），按照航向重叠度 80%、旁向重叠度 80%进行飞行。这样，也能保证在同一曝光点位置附近有 4 张不同方向的倾斜影像，与使用两台相机进行一次飞行的效果相同。固定翼无人机+单相机+两次飞行的倾斜摄影方法如图 4-7 所示。

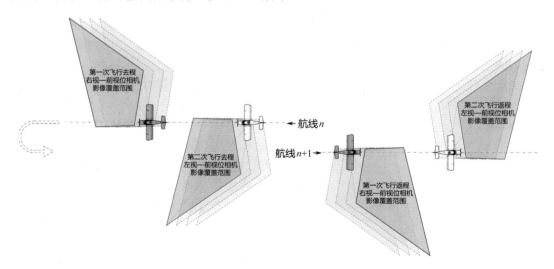

图 4-7　固定翼无人机+单相机+两次飞行的倾斜摄影方法

采用双加密航线飞行作业虽然效率有所降低，但也有其优点，主要是性价比高。首先，由于只需安装一台相机，降低了对无人机载荷和机舱尺寸的要求，可以使用普通的超轻型固定翼无人机，手抛起飞、短距滑降，提高了使用和操控的便利性，无人机的采购和维修费用也大为降低。其次，超轻型固定翼无人机的飞行速度可以低于 20m/s，有助于减小像点位移量，因此可以获取更加清晰的影像。最后，低成本的飞机和最少的相机数量，使得"在天上飞"的成本最低，可以降低因飞机丢失、故障、损毁等因素造成的损失。

实际作业时，为了提高作业效率，可以使用两架无人机按照相同的加密航线先后进行飞行，其中一架无人机中的相机朝向左前方，另一架无人机中的相机朝向右前方。

4.4.4　点状区域的航线设计

点状区域是指直径小于 100m 的独立区域或单体建筑物。对点状区域进行倾斜摄影时，如果需要整个区域的三维模型，可以采用标准航线飞行的方法。点状区域标准航线飞行的航线敷设示意图如图 4-8 所示。如果仅需建立建筑物的三维模型，则可以采用环绕航线飞行的方法。单体建筑物进行环绕飞行的航线示意图如图 4-9 所示。

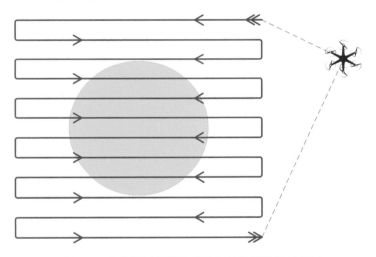

图 4-8　点状区域标准航线飞行的航线敷设示意图

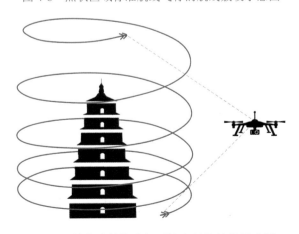

图 4-9　单体建筑物进行环绕飞行的航线示意图

对于古建筑或高大建筑物单体建模而言，对三维建模的精度和精细度要求较高，照片拍摄位置距拍摄对象较近，一般使用多旋翼无人机手控飞行模式进行拍照。

进行环绕飞行时，一般使用多旋翼无人机和具有三维云台的单相机系统，其航线也不需要按照规则航线进行飞行，只要按照相邻照片具有较大的重叠度、航线间具有一定的重叠度、手动飞行即可。如果对三维建模效果不满意，可以在有缺陷的地方加飞若干条航线后，与之前的照片一起再次进行三维建模计算即可。

4.4.5　带状区域的航线设计

带状区域是指覆盖指定线状要素两侧一定宽度的区域，如铁路、公路、河流、管线、境界等，覆盖宽度一般小于 1 000m。

对带状区域进行倾斜摄影时，可以采用标准航线飞行的方法，并根据线状区域的形状和周边地形等情况，采取沿线状要素方向或垂直于线状要素的方向敷设航线。

当带状区域分段较为规整、单一分段长度较长（5km 以上）、区域地形高差较为平均、易于起降场地选择、三维模型精度 20cm 左右时，可以采用固定翼无人机按照标准航线飞行的方法，沿带状区域长边方向敷设航线的方法进行倾斜摄影，如图 4-10 所示。

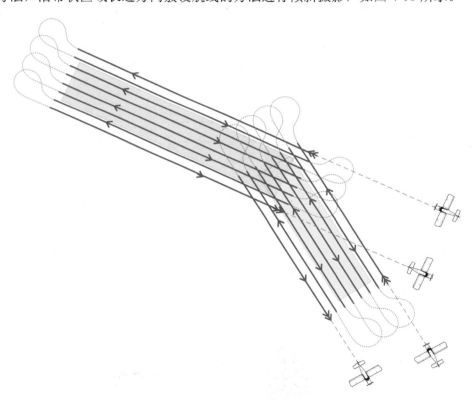

图 4-10　沿带状区域长边方向敷设航线的方法进行倾斜摄影示意图

当带状区域弯曲较大、区域地形条件复杂、三维模型的精度要求高于 10 cm 左右时，应当采用多旋翼无人机按照标准航线飞行的方法，沿矩形区域长边方向或垂直于线状地物的方向敷设航线进行倾斜摄影，如图 4-11 所示。

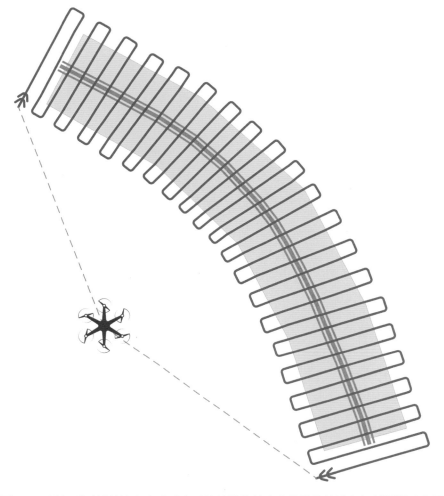

图 4-11 沿矩形区域长边方向或垂直于线状地物的方向敷设航线进行倾斜摄影示意图

对带状区域进行倾斜摄影时，有一点必须注意，就是带状区域的覆盖宽度要达到一定数值，一般应达到 500m 以上，以保证三维建模计算的顺利执行。

4.4.6　面状区域的航线设计

面状区域的航线设计相对较为简单，主要注意以下几个方面。

（1）飞行范围尽量为矩形或凸多边形，多边形的最小的边长大于 500m。

（2）飞行分区的划分要根据无人机的有效续航里程和影像的地面分辨率进行，分区的宽度一般为无人机有效续航里程的 1/2 或 1/4。

（3）航线数量应为双数。

（4）航线一般沿东西方向敷设或沿面状区域的长边方向敷设。

（5）实际飞行范围要超出摄区范围边界 1.5 倍航高的距离。

（6）实际航高应超过分区内最高点高程 60m 以上。

面状区域标准航线飞行的航线敷设示意图如图 4-12 所示。

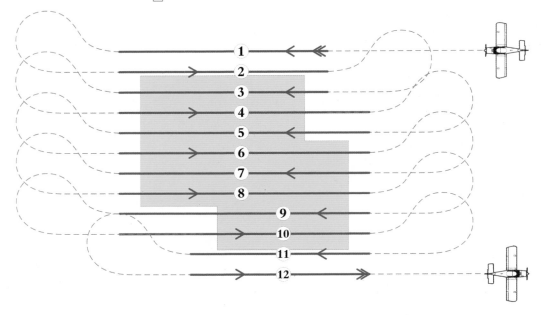

图 4-12　面状区域标准航线飞行的航线敷设示意图

4.5　飞行参数计算示例

　　为了准确测算倾斜摄影飞行的作业参数，现以索尼 RX1R2 相机为例，给出倾斜摄影飞行作业参数的计算示例，见表 4-4、表 4-5。

　　（1）实际飞行面积按任务区范围外扩 1.5 倍航高距离的面积计算，即最外侧曝光点位置垂直投影点的连线所围合的范围。

　　（2）固定翼无人机的飞行速度按 20m/s（72km/h）计算，多旋翼无人机的飞行速度按 7.5m/s（27km/h）计算。

　　使用固定翼无人机进行 5cm/px 分辨率的倾斜摄影，飞行作业参数计算示例见表 4-4。

　　使用多旋翼无人机进行 2cm/px 分辨率和 1cm/px 分辨率倾斜摄影，飞行作业参数计算示例见表 4-5。

表 4-4　倾斜摄影飞行作业参数计算示例（5cm/px 影像分辨率）

任务区参数	任务区参数					任务区范围示意图
	任务区南北跨度（m）	任务区东西跨度（m）	任务区面积（km²）	实际飞行面积（km²）	航线敷设方向	
	10 000	10 000	100.0	124.6	东西方向	
相机参数	相机型号：索尼 RX1R2					
	总像素数	像素数（高度）	传感器幅面	像素数（宽度）	传感器尺寸（宽）mm	传感器尺寸（高）mm	镜头焦距 mm	单张照片数据量（MB）
	4 200 万	5 304	全画幅	7 952	35.9	24.0	35.0	42.0

续表

<table>
<tr><td rowspan="3">飞行参数</td><td colspan="8">飞行参数</td></tr>
<tr><td>飞行类型</td><td>飞行速度
（km/h）</td><td>飞行速度
（km/h）</td><td>双相机
左右倾斜角</td><td>双相机
前后摇摆倾斜角</td><td>单架次有效作业航
线长度（km）</td><td>每日
无人机架次</td><td>无人机数量</td></tr>
<tr><td>固定翼</td><td>20</td><td>72</td><td>25°</td><td>30°</td><td>60</td><td>4</td><td>1</td></tr>
<tr><td colspan="9">多旋翼　7.5　27　25°　30°　6　8　1</td></tr>
</table>

飞行参数	飞行类型	飞行速度（km/h）	飞行速度（km/h）	双相机左右倾斜角	双相机前后摇摆倾斜角	单架次有效作业航线长度（km）	每日无人机架次	无人机数量
	固定翼	20	72	25°	30°	60	4	1
	多旋翼	7.5	27	25°	30°	6	8	1

计算参数	参数名称	计量单位	垂直摄影与倾斜摄影参数对比				
	摄影形式	垂直/倾斜	单相机垂直摄影（单次飞行）	单相机垂直摄影（两次飞行）	单相机垂直摄影（单次飞行）	单相机垂直摄影（两次飞行）	五相机固定方向（单次飞行）
	无人机类型	固定翼/多旋翼	固定翼	固定翼	固定翼	固定翼	固定翼
	相机数量	台	1	1	2	2	5
	任务区面积	km²	100.0	100.0	100.0	100.0	100.0
	实际飞行面积	km²	124.6	124.6	124.6	124.6	124.6
	影像地面分辨率	cm/px	5	5	5	5	5
	垂直照片航向覆盖范围	m	265	265	265	265	265
	垂直照片旁向覆盖范围	m	398	398	398	398	398
	相对飞行高度	m	387	387	387	387	387
	航向重叠度	%	70	80	80	80	80
	旁向重叠度	%	35	80	80	60	60
	航向曝光点间距	m	82	53	53	53	53
	旁向曝光点间距	m	258	80	80	159	159
	每条航线曝光点数	个	140	210	210	210	210
	预计航线总条数	条	43	140	140	70	70
	单次飞行航线总长度	km	482	1 566	1 566	783	783
	飞行次数	次	1	2	1	1	1
	航线总长度	km	482	3 133	1 566	783	783
	预计总飞行时间	小时	6.7	43.5	21.8	29.0	29.0
	预计总飞行架次	架次	8	52	26	131	131
	每架无人机日均飞行面积	km²/架	49.8	9.5	19.1	7.6	7.6
	预计飞行总天数	天	2.5	13.1	6.5	16.3	16.3
	飞行工作量比率	%	100	522	261	652	652
	总曝光点数量	点	6 057	59 061	29 530	14 765	14 765
	每次每个曝光点照片数	张	1	1	2	6	5
	照片总数量	张	6 057	59 061	59 061	88 591	73 826
	每平方千米平均照片数量	张/km²	61	591	591	866	738
	照片数量比率	%	100	975	975	1 463	1 219
	总数据量	TB	0.25	2.48	2.48	3.72	3.10
	覆盖率	%	479	6 471	6 471	7 006	5 838

说明	1. 本表中的"预计航线条数"仅供参考，具体数量以实际设计结果为准
	2. 为保证任务区边缘的建模效果，实际飞行范围（最外侧曝光点垂直投影位置连线范围）应超出任务区范围至少1.5倍航高的距离
	3. 上述参数计算时未考虑同一任务区内多个摄影分区间接边处的重叠，故实际数据会大于计算数据

表 4-5　倾斜摄影飞行作业参数计算示例（2cm/px 和 1cm/px 影像分辨率）

任务区参数	任务区参数					任务区范围示意图
	任务区南北跨度（m）	任务区东西跨度（m）	任务区面积（km²）	实际飞行面积（km²）	航线敷设方向	
	5 000	2 000	10.0	13.5	东西方向	

相机参数	相机型号：索尼 RX1R2							
	总像素数	像素数（高度）	传感器幅面	像素数（宽度）	传感器尺寸（宽）mm	传感器尺寸（高）mm	镜头焦距 mm	单张照片数据量（MB）
	4 200 万	5 304	全画幅	7 952	35.9	24.0	35.0	42.0

飞行参数	飞行参数						
	无人机类型	飞行速度（km/h）	飞行速度（km/h）	双相机左右倾斜角	双相机前后摇摆倾斜角	单架次有效作业航线长度（km）	每日无人机架次	无人机数量
	固定翼	7.5	27	25°	30°	4.5	8	1
	多旋翼	7.5	27	25°	30°	4.5	8	1

计算参数

参数名称	计量单位	垂直摄影与倾斜摄影参数对比				
摄影形式	垂直/倾斜	单相机垂直摄影（单次飞行）	单相机垂直摄影（两次飞行）	单相机垂直摄影（单次飞行）	单相机垂直摄影（两次飞行）	五相机固定方向（单次飞行）
无人机类型	固定翼/多旋翼	多旋翼	多旋翼	多旋翼	多旋翼	多旋翼
相机数量	台	1	2	5	2	5
任务区面积	km²	10.0	10.0	10.0	10.0	10.0
实际飞行面积	km²	13.5	13.5	13.5	11.7	11.7
影像地面分辨率	cm/px	2	2	2	1	1
垂直照片航向覆盖范围	m	106	106	106	53	53
垂直照片旁向覆盖范围	m	159	159	159	80	80
相对飞行高度	m	155	155	155	77	77
航向重叠度	%	70	80	80	80	80
旁向重叠度	%	35	60	60	60	60
航向曝光点间距	m	32	21	21	11	11
旁向曝光点间距	m	103	64	64	32	32
每条航线曝光点数	个	77	116	116	210	210
预计航线总条数	条	53	86	86	164	164
单次飞行航线总长度	km	130	212	212	367	367
飞行次数	次	1	1	1	1	1
航线总长度	km	130	212	212	367	367
预计总飞行时间	小时	4.8	7.8	7.8	13.6	13.6
预计总飞行架次	架次	29	47	47	82	82
每架无人机日均飞行面积	km²/架	2.8	2.3	2.3	1.3	1.3
预计飞行总天数	天	4.9	5.9	5.9	10.2	10.2

续表

计算参数	飞行工作量比率	%	100	121	121	209	209
	总曝光点数量	点	4 093	9 976	9 976	34 610	34 610
	每次每个曝光点照片数	张	1	6	5	6	5
	照片总数量	张	4 093	59 855	49 879	207 662	173 052
	每平方千米平均照片数量	张/km^2	409	5 985	4 988	20 766	17 305
	照片数量比率	%	100	1 463	1 219	5 074	4 228
	总数据量	TB	0.17	2.51	2.09	8.72	7.27
	覆盖率	%	469	6 863	5 719	7 143	4 953
说明	1. 本表中的"预计航线条数"仅供参考，具体数量以实际设计结果为准 2. 为保证任务区边缘的建模效果，实际飞行范围（最外侧曝光点垂直投影位置连线范围）应超出任务区范围至少 1.5 倍航高的距离 3. 上述参数计算时未考虑同一任务区内多个摄影分区间接边处的重叠，故实际数据会大于计算数据						

4.6　倾斜摄影分区划分原则

当倾斜摄影飞行范围较大时，一般应将飞行范围划分为若干航摄分区，以便飞行航线设计和任务分工。

航摄分区的划分主要考虑两个方面的因素，一是无人机类型及续航里程，二是影像地面分辨率与三维建模处理系统的性能。

4.6.1　无人机类型及续航里程

在进行飞行作业时，无人机起降一般都在同一地点，为了充分利用有效作业里程，航线设计时一般应采用双数航线，航线尽可能长，且采取往返飞行的方法。因此，航线设计长度应按有效作业里程的 1/2、1/4、1/6 或 1/8 等设计，航摄分区的最大跨度应与航线长度相同。同时，航摄分区还应考虑无人机的有效通信及控制距离，确保无人机在航摄分区的最远端也处于有效通信及控制距离以内。

由于无人机的续航里程与任务区地理位置（海拔）、无人机类型、电池新旧程度、气候条件等密切相关，因此，飞行作业人员应根据飞行设备和任务区天气等情况，对无人机的续航里程进行实地测试，并据此修正航线设计参数，调整每架次无人机飞行的航线数量。

例如，多旋翼无人机的续航时间为 20min，有效作业时间按 15min（900s）、巡航速度按 7.5m/s 计算，单架次的续航里程一般可以达到 6 750m，扣除升降、转弯减速等因素的影响（10%），有效作业里程可以达到 6 000m，因此，最大航线长度不应超过 3 000m。固定翼无人机的续航时间为 60min，有效作业时间按 50min（3 000s）、巡航速度按 18m/s 计算，单架次的续航里程一般可以达到 54km，扣除升降、转弯减速等因素的影响，有效作业里程可以达到 43km 以上，因此，最大航线长度不应超过 21km。

4.6.2　影像地面分辨率与三维建模处理系统的性能

影像地面分辨率的高低，决定了倾斜照片数量的多少。根据测算，使用双相机（全幅，

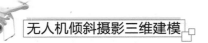

4 200 万像素）三相位摆动式倾斜摄影系统或五相机倾斜摄影系统，按照 2cm/px 或 5cm/px 分辨率、航线重叠度 80%、旁向重叠度 60% 的要求进行倾斜摄影时，每平方千米的照片数量分别可以达到 5 000 张和 800 张。

而综合考虑目前常用倾斜摄影三维建模系统的处理能力和处理效率，建议每次同时进行三维建模计算的照片数量应控制在 25 000 张以内。这就要求在进行航摄分区划分时考虑后续进行三维建模计算时所使用的软件系统和硬件系统的能力，使得每次三维建模计算的照片数量（计算分区）与航摄分区范围尽量匹配，2cm/px 分辨率的航摄分区范围最大不超过 5km²，5cm/px 分辨率的航摄分区范围最大不超过 25km²。

一个县域的倾斜摄影航摄分区划分示例图如图 4-13 所示。无人机的飞行范围东西跨度约 60km，南北跨度约 30km，共划分为 14 个分区，每个分区的面积在 100km² 左右，拟使用固定翼无人机进行倾斜摄影，影像地面分辨率为 5cm/px，航线按东西方向敷设，分区的东西跨度（航线长度）一般在 7～9km。其中，航摄分区 07 因分区中部为密集建筑区，为避免无人机在密集建筑区上空调头，也为了避免航摄分区的边界跨越密集建筑区，故航摄分区 07 的跨度增加到 17km。

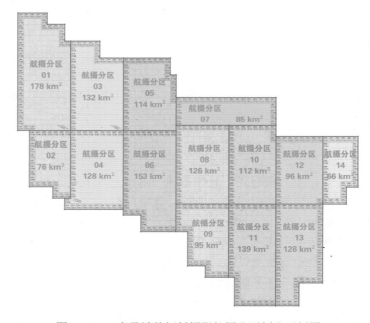

图 4-13　一个县城的倾斜摄影航摄分区划分示例图

按照 8km 左右的航线长度设计，主要是考虑减少无人机调头的次数，提高飞行作业效率。而计算分区的划分，则需要根据照片数量和三维建模软件系统的性能和技术要求，在航摄分区的基础上重新进行划分。

4.6.3　航摄分区划分示例

下面以图 4-13 中的航摄分区 05 为例，给出航摄分区划分的示例。航摄分区 05 东西跨度约 9km，南北跨度约 13km，总面积 114km²。航摄分区 05 范围示意图如图 4-14 所示。

为了更加准确地表明航摄分区 05 所在的位置和地理环境，可以将该范围与所在区域的行政区划地图和卫星影像图进行叠加，根据该航摄分区所在的地点对任务名称等内容进行细化。

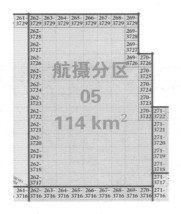

图 4-14 航摄分区 05 范围示意图

因为航摄分区 05 主要位于河南省商水县境内，所以任务简称为河南商水，任务代码为 HNSS，航摄分区名称为邓城镇，航摄分区编号为 05DC。为了方便航线设计，应细化标绘航摄分区的具体范围，包括千米格网、分区范围周边千米格网的横坐标和纵坐标的值（以 km 为单位）、各拐点的经纬度坐标值（小数格式和度分秒格式）。航摄分区 05 细化内容标绘示意图如图 4-15 所示。

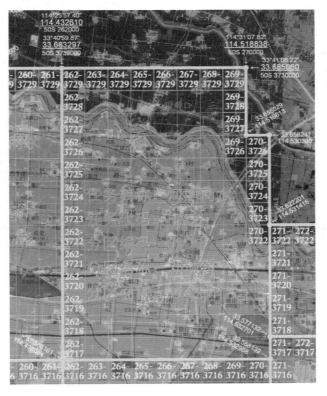

图 4-15 航摄分区 05 细化内容标绘示意图

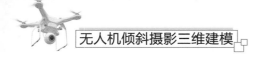

在设计倾斜摄影航线时，为了便于进行范围划分和分区划分，一般采用按照高斯投影或 UTM 投影（通用横轴墨卡托投影）的整千米格网来绘制飞行范围线和航摄分区范围线。

使用 Mission Planner 软件，根据航摄分区 05 细化标绘的内容，在航线设计软件中，标绘出航摄分区的飞行范围，如图 4-16 所示。

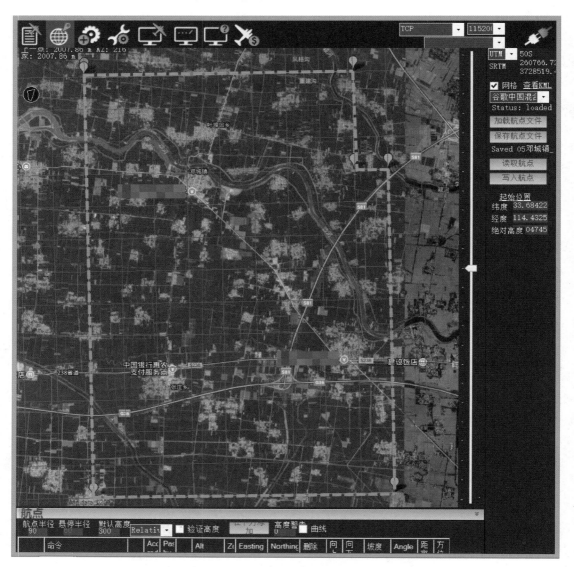

图 4-16　航摄分区的飞行范围

如果用户使用的航线设计软件不能显示千米网格，为了尽量准确地标绘飞行范围，建议用户先在可以显示千米网格的航线设计软件中进行飞行范围的标绘，再将该范围导入到需要使用的航线设计软件中。

从图 4-13 可以看出，航摄分区 05 左侧与航摄分区 03 接边，右侧与航摄分区 07 和航摄分区 08 接边，下方与航摄分区 06 接边。

根据航摄分区飞行时"左盖右，上盖下"的覆盖原则，该航摄分区的实际飞行范围在右侧和下方应向外扩展 2 个航高的距离。航摄分区 05 实际飞行范围示意图如图 4-17 所示，其中右侧和下方的红色虚线为原来的飞行范围线，红色实线则为进行航线设计时的实际飞行范围线。

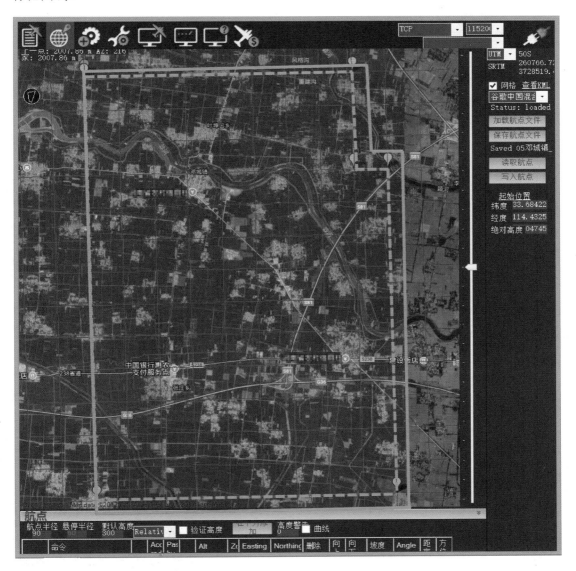

图 4-17　航摄分区 05 实际飞行范围示意图

同时，为了保证上边最外侧航线可以覆盖飞行范围，也应将上边的实际飞行范围线向外侧扩展半个航高的距离，使得在自动敷设航线是可以满足航线覆盖要求。

最后，按照实际飞行范围进行最后的航线设计，航摄分区 05 航线的设计结果如图 4-18 所示。航摄分区 05 的航线设计主要设计参数如下。

- 面积：125.04km²。
- 曝光点数量：46 896 点（片）。
- 曝光周期：3.54s。
- 航线长度：1 979.76km。
- 航线条数：214 条。
- 航线方向：东西。
- 飞行高度：310m。
- 影像地面分辨率：4.01cm/px。

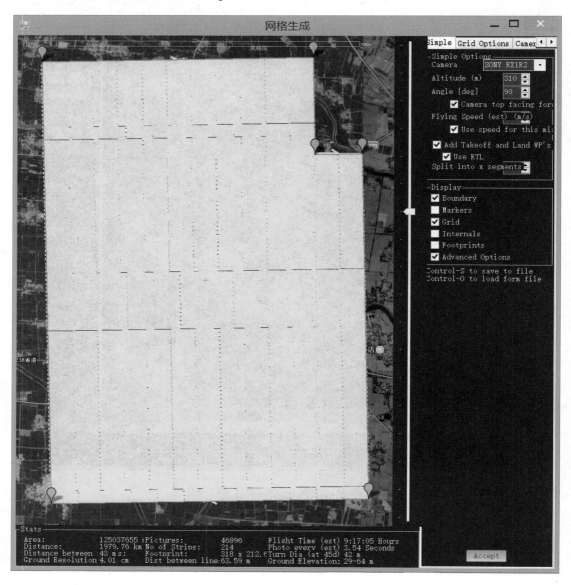

图 4-18　航摄分区 05 航线的设计结果

航摄分区 05 航线的设计结果（局部放大）如图 4-19 所示。图中蓝色格网为千米格网线（100m 间隔），黄色线条为航线位置。

如果使用多旋翼无人机进行飞行，实际飞行线路和飞行里程与航线设计结果是基本一致的。如果使用固定翼无人机进行飞行，则需要考虑无人机的转弯半径和进入航线的方式，实际飞行里程要多于设计航线长度。

图 4-19　航摄分区 05 航线的设计结果（局部放大）

航摄分区 05 倾斜摄影飞行作业参数计算示例见表 4-6。

表 4-6　航摄分区 05 倾斜摄影飞行作业参数计算示例

摄影参数	摄区参数：05DC-邓城镇					任务区范围示意图
	任务区南北跨度（m）	任务区东西跨度（m）	任务区面积（km²）	实际飞行面积（km²）	航线敷设方向	河南南水 05DC 邓城镇 114 km²
	13 450	9 300	114.0	125.1	东西	

相机参数	相机型号：索尼 RX1R2							
	总像素数	像素数（高度）	传感器幅面	像素数（宽度）	传感器尺寸（宽）mm	传感器尺寸（高）mm	镜头焦距 mm	单张照片数据量（MB）
	4 200 万	5 304	全画幅	7 952	35.9	24.0	35.0	42.0

飞行参数	飞行参数					
	飞行速度（km/h）	飞行速度（km/h）	双相机左右倾斜角（°）	双相机前后摇摆倾斜角（°）	单架次有效作业航线长度（km）	每日飞机架次
	18	64.8	25	30	40	4

计算参数	计算参数					
	参数名称	计量单位	航摄飞行相关参数			
	摄影形式		单相机垂直航空摄影	单相机倾斜摄影	双相机倾斜摄影	五相机倾斜摄影
	相机数量	台	1	1	2	2
	影像地面分辨率	cm/px	4	4	4	4
	垂直照片航向覆盖范围	m	212	212	212	212
	垂直照片旁向覆盖范围	m	318	318	318	318
	相对飞行高度	m	309	309	309	309
	航向重叠度	%	70	80	80	80
	旁向重叠度	%	35	80	80	60
	航向曝光点间距	m	53.0	42.4	42.4	42.4
	旁向曝光点间距	m	206.8	63.6	63.6	127.2
	每条航线曝光点数	个	175	219	219	219
	预计航线总条数	条	65	213	213	107 （仅供参考）
	单次飞行航线总长度	km	605	1 981	1 981	995
	飞行次数	次	1	2	1	1
	航线总长度	km	605	3 962	1 981	995
	预计总飞行时间	小时	9.3	61.1	30.6	15.4
	预计总飞行架次	架次	15	99	50	25
	每架飞机日均飞行面积	km²	33.1	4.6	10.1	20.1
	计划安排飞机数量	架	1	1	1	1
	预计飞行总天数	天	3.8	27.2	12.4	6.2
	总曝光点数量	点	11 375	93 294	46 647	23 433
	每次每个曝光点照片数	张	1	1	2	5
	照片总数量	张	11 375	93 294	93 294	177 165
	每平方千米平均照片数量	张/km²	61	591	591	866
	总数据量	TB	0.5	3.9	3.9	4.9
	覆盖率	%	614	5 033	5 033	6 321

说明	本表中的"预计航线条数"仅供参考，具体数量以实际设计结果为准

第5章 倾斜影像三维建模计算

5.1 倾斜影像三维建模的理论基础

早在 1839 年，英国科学家查尔斯·温特斯通经过一系列的研究发现，人由于两眼间存在一定的间距，观察三维物体的视角稍有不同，因此看到的画面也有微小的差距，左眼看到左侧，右眼看到右侧。同时，物体上的每一个点对应两只眼睛都有一个张角，离双眼越远，这个张角就越小。大脑通过对两只眼睛接收到的画面信息进行叠加融合，就能够构造出物体的前-后、左-右、远-近等立体方向的画面，从而产生立体感。引起这种立体感觉的效应叫作"视觉位移"，也就是我们常说的"双目立体视觉"。

20 世纪 80 年代初，大卫·马尔首次从信息处理的角度综合了图像处理、心理物理学、神经生理学及临床精神病学的研究成果，提出了第一个较为完善的机器视觉系统框架。自大卫·马尔在提出完整的机器视觉系统计算理论框架以来，立体视觉引起了学者们的广泛关注。

人类是通过眼睛与大脑来获取、处理与理解视觉信息的。周围环境中的物体在可见光的照射下，在人眼的视网膜上形成图像，由感光细胞转换成神经脉冲信号，经神经纤维传入大脑皮层进行处理与理解。视觉不仅是指对光信号的感受，还包括了对视觉信息的获取、传输、处理、存储与理解的全过程。双目立体视觉理论建立在对人类视觉系统研究的基础上，通过双目立体图像的处理，获取场景的三维信息，其结果表现为深度图，再经过进一步处理就可得到三维空间中的景物，实现二维图像到三维空间的重构。而这正是基于立体相片对进行观测的摄影测量的基本原理，无论是早期的模拟摄影测量，还是后期的解析摄影测量和数字摄影测量。

信号处理理论与计算机出现以后，人们试图用摄像机获取周围环境图像并将其转换为数字信号，用计算机实现对视觉信息处理的全过程。这样，就形成了一门新兴的学科——计算机视觉。计算机视觉（也称机器视觉）的研究目标是使计算机具有通过二维图像认知三维环境信息的能力。这种能力将使机器不仅能感知三维环境中物体的几何信息，包括形状、位置、姿态、运动等，而且能够对它们进行描述、识别与理解。利用序列影像建立三维模型的研究是计算机视觉领域的一个主要内容。得益于计算机视觉研究的飞速发展，使得海量序列二维影像的快速准确匹配成为可能，也使得利用海量序列影像重建目标区域的实景三维模型成为现实。

有一种说法，三维建模软件的雏形来自华盛顿大学的 Visual SFM，这是一个学术的开源软件，三维建模技术的几个关键的算法也一并在此公布，可以认为是三维建模软件的起源。SFM 算法不需要任何相机参数或场景信息的先验知识，通常利用尺度不变特征变换

（SIFT）来定位称为关键点的重要特征，能够检测和匹配数百个重叠图像，准确地估计相机参数，创建三维表面的点云，并将所有内容组合成单个无缝三维模型。

随后，出现了许多基于序列二维影像进行三维重建的研究成果和软件产品。有些研究内容仅关注了三维建模过程中的部分算法或局部问题，并没用形成可供后续使用的实用算法或程序。有些软件成果仅是为了算法验证和汇报演示，并没有形成完整的产品功能，也缺乏持续研发的支撑和产品化过程，多数都没有留下可供工程化使用的软件产品。虽然实景三维建模并不是计算机视觉研究的主要方向，但其在三维重建方面展示的优秀能力，使得少数学者和机构开始把对大面积地表形态进行三维重建作为其研究的重点，并相继推出了一些三维建模软件产品，如 Smart3DCapture、Pix4D、PhotoMesh、Street Factory（街景工厂）、Altizure 等。而随着数据获取手段的更新和软件版本的更替，这些软件的功能和建模效果都有了长足的进步。当然，每款软件都有其自身的特点和特定的功能。

为了与通用的三维建模软件相区别，本书中将主要利用倾斜影像进行大面积地表三维形态重建的软件产品称为实景三维建模软件。

5.2 倾斜影像三维建模的基本流程

就利用航空摄影方法（有人机或无人机）获取的多视角倾斜影像建立精细地表三维模型而言，目前市场上有多款实景三维建模软件可供使用。虽然各款软件在建模技术、软件功能、计算性能、建模效率等方面多有差异，但多数软件使用倾斜影像建立三维模型的流程基本相似，主要包括原始影像数据导入、影像特征提取和匹配、光束法区域网平差（也可称为空中三角测量或空三）、多视角影像密集匹配、密集点云生成、三角网模型构建与优化、自动纹理映射等步骤。倾斜影像三维建模的基本流程如图 5-1 所示。

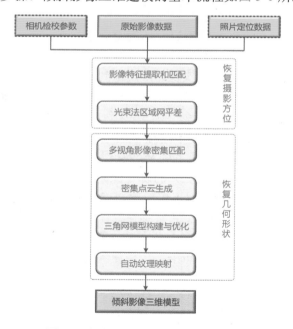

图 5-1　倾斜影像三维建模的基本流程

多数实景三维建模软件仅需要用户提供具有一定重叠度的序列影像，就可以完成目标区域的三维重建，不需要提供包括飞行姿态参数、相机检校参数、照片定位数据等原来在摄影测量处理过程中所必需的辅助数据，而且对倾斜影像的获取方法和条件也没有硬性要求，这极大地方便了倾斜影像的获取作业，并使得各种类型的无人机成为获取倾斜影像的主要工具。

5.3　倾斜影像三维建模软件简介

目前，在国内市场上以产品形式销售或提供三维建模服务的倾斜影像三维建模软件主要有 ContextCapture、PhotoMesh、PhotoScan、Pix4D、Altizure、Virtuoso3D、Mirauge3D 等。

5.3.1　ContextCapture

ContextCapture 实景建模软件是奔特力系统公司在 2015 年 2 月收购了 Acute3D 公司后，于 2015 年 10 月在 Smart3DCapture 3.2 基础上推出的升级版产品。软件名称由最初的 Smart3DCapture 改为 ContextCapture。该软件是基于 GPU 的快速三维场景运算软件，可运算生成基于真实影像的超高密度点云，进而无须人工干预地从简单连续影像中生成逼真的三维场景模型。至 2018 年，奔特力系统公司先后推出了与实景三维建模和模型网络化服务相关的产品，主要包括 ContextCapture、ContextCapture Center、ContextCapture Mobile、Acute3D Viewer、ContextCapture Editor、ContextCapture CONNECT Edition、ContextCapture Web Viewer 等。

Acute3D 公司是由让·飞利浦·庞斯博士和雷洛·卡拉文博士于 2011 年创立，总部设在素有法国硅谷美誉的索菲亚·安提波利斯科技园。2013 年 5 月，Acute3D 公司发布了突破性的三维建模软件产品 Smart3DCapture 2.0，该软件采用先进的数字图像处理技术和计算机视觉图形算法，使用具有一定重叠度和对目标区域多视角的多张影像即可生成层次细节丰富的 3D 模型。在此之前，Smart3DCapture 是以 OEM（Original Entrusted Manufacture，原始委托生产）的形式提供给 Autodesk 公司的产品 123D 和 Skyline 软件系统有限公司的产品 PhotoMesh 中使用。2015 年 2 月，Acute3D 公司被奔特力公司收购之后，终止了这种合作形式。

2016 年 5 月，ContextCapture 4.2 发布。同年 12 月，ContextCapture 4.4 发布。ContextCapture 软件（也有简称为 CC 的）是公认的建模能力最强和建模效果最好的实景三维建模软件之一。ContextCapture Center 实景三维建模软件的工作流程示意图如图 5-2 所示。

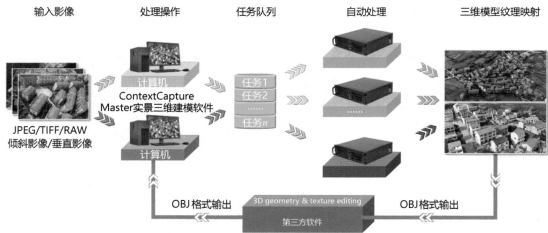

图 5-2　ContextCapture Center 实景三维建模软件的工作流程示意图

ContextCapture Center 实景三维建模软件界面如图 5-3 所示。

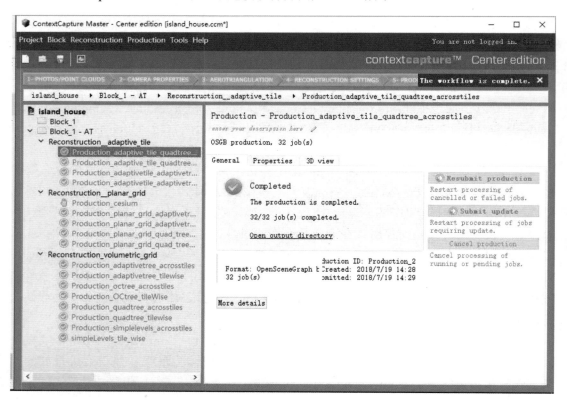

图 5-3　ContextCapture Center 实景三维建模软件界面

5.3.2　PhotoMesh

2012 年，Skyline 软件系统有限公司宣布与 Acute3D 公司建立 OEM 伙伴关系，并在 SkylineGlobe TerraBuilder 产品系列中增加了 Acute3D 的自动三维建模技术和产品。2013 年

9 月，Skyline 公司随 SkylineGlobe TerraBuilder 6.5 推出了以 Acute3DCapture 为内核的实景建模软件 PhotoMesh 6.5。

但是由于 Acute3D 公司早期的产品存在一定的不足，如单个工程所能承载的照片数量有限、空三计算只能在单一节点上进行、硬件资源利用不充分、生产过程中重复工作屡屡出现等，再加上 Acute3D 公司被奔特力系统公司于 2015 年 2 月收购，使得 Skyline 公司中止了原有 OEM 产品的合作，并从底层算法开始重新自主研发能从架构上解决效率问题的产品。2015 年 9 月，Skyline 公司和泰瑞数创科技（北京）有限公司，在 INTERGEO 展会上，推出了自主研发的实景建模软件 PhotoMesh 6.6，并在 11 月推出了 PhotoMesh 6.6.1。

PhotoMesh 6.6.1 采用全新的底层技术架构和产品用户界面，主要致力于解决海量倾斜数据处理瓶颈，将实景三维建模软件带入云计算时代。PhotoMesh 6.6.1 无缝融合 TerraExplorer 作为建模可视化窗口，建模过程全程图形化展现，实现源数据可实时调整、建模过程可任意跟踪、建模成果可批量查看。空三过程实现分布式计算，突破海量倾斜数据建模效率瓶颈。建模数据采用数据库方式进行管理，既易于安装和配置，也便于工程迁移。输出成果采用全新数据结构，减少三维模型瓦片间数据冗余，大幅度提升浏览效率。PhotoMesh 6.6.1 支持输出三维模型（3DML、OSGB DAE、OBJ 和 PLY）、点云模型、真正射影像等，确保能够完全和 2D/3D GIS 解决方案进行交互。

PhotoMesh 软件由三部分组成，分别是 Editor、Manager、Fuser。PhotoMesh 软件产品的构成如图 5-4 所示。

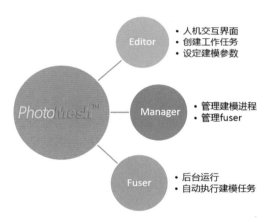

图 5-4　PhotoMesh 软件产品的构成

PhotoMesh 6.6.1 独有的全流程空三分布式算法和任务优化调度策略，能够真正实现包括特征提取、空三解算、模型构建、LOD 生成在内的多核、多机、全流程分布式计算，保证数据生产各阶段无节点冗余闲置，充分利用计算资源，实现广域城市海量数据的无须拆分、一键提交。针对目前市场上其他产品单次工程计算中只能处理数万张照片的缺陷，PhotoMesh 在单次工程中能够实现一次性处理数十万张影像、上万亿像素的原始数据。

2016 年 10 月，在 INTERGEO 展会上，Skyline 公司和泰瑞数创科技（北京）有限公司共同发布了 PhotoMesh 7.0。

2018 年 11 月 8 日，Skyline 公司发布了 PhotoMesh 7.5.0 实景建模软件，该软件界面如图 5-5 所示。

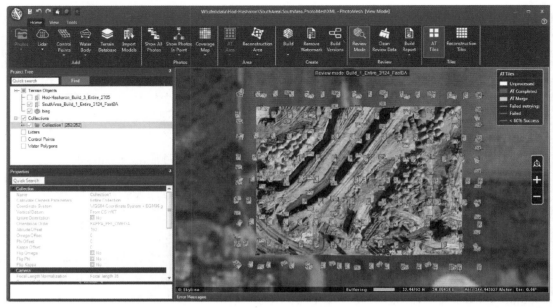

图 5-5   PhotoMesh 7.5.0 实景建模软件界面

5.3.3　PhotoScan

PhotoScan 是 Agisoft 公司的三维重建软件产品。Agisoft 公司始建于 2006 年，是一家专注于计算机视觉研究和创新的公司。2013 年，Agisoft 公司推出了基于 SFM（Structure From Motion，运动恢复结构）算法集的 PhotoScan 1.0.0 三维建模软件，该软件界面如图 5-6 所示。

PhotoScan 不用设置初始值和相机检校，它根据最新的多视图三维重建技术，可对任意照片进行处理，无须控制点，而通过控制点则可以生成真实坐标的三维模型。照片的拍摄位置是任意的，无论是航摄照片还是高分辨率数码相机拍摄的影像都可以使用。整个工作流程无论是影像定向还是三维模型重建过程都是完全自动化的。

2017 年 2 月 7 日，Agisoft 公司发布了 PhotoScan Professional 1.3.0。2017 年 9 月 19 日，Agisoft 公司发布了 PhotoScan Professional 1.4.0 三维建模软件，该软件界面如图 5-7 所示。

2018 年 11 月 5 日，Agisoft 公司宣布其三维建模软件产品的名称由 PhotoScan 更名为 Metashape，并发布了更名后的首款产品 Metashape Professional 1.5.0。新产品采用基于深度图的新型模型生成算法，并优化了图像匹配性能。

2018 年 12 月，PhotoScan Professional Edition 1.4.4 的标准售价为 3 499 美元，一次性购买 10 套软件的价格为每套 1 838 美元，一次性购买 20 套以上软件的价格为每套 1 245 美元。PhotoScan Standard Edition 的标准售价为 179 美元。

由于 Agisoft 公司的 PhotoScan 软件可以从网上下载，操作简单、价格低，并可免费试用 30 天，因此，PhotoScan 也成为了普及率较高的三维建模软件之一。

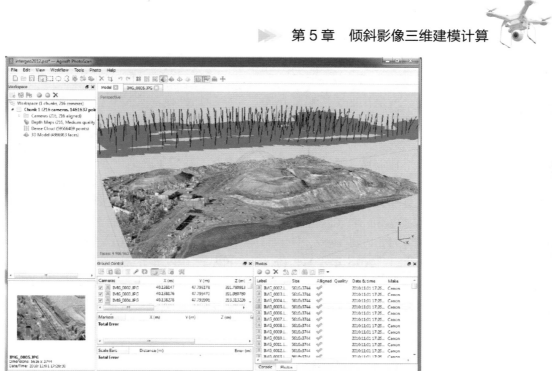

图 5-6　PhotoScan 1.0.0 三维建模软件界面

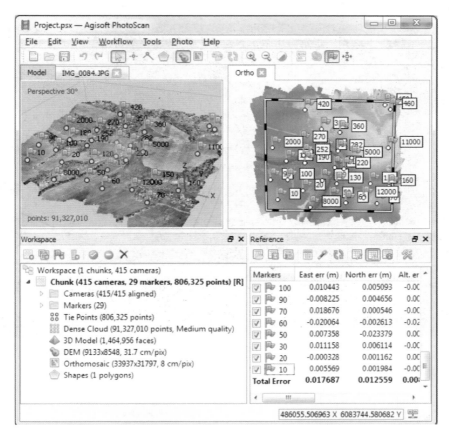

图 5-7　PhotoScan Professional 1.4.0 三维建模软件界面

5.3.4　Pix4D

Pix4D 公司是在瑞士洛桑联邦理工学院计算机视觉实验室和当地政府的支持下，由克里斯托夫·斯特查和奥利维尔·昆于 2011 年在瑞士洛桑创建。

克里斯托夫·斯特查在 2008 年获得博士学位后，加入瑞士联邦理工学院计算机视觉小组，开始了他的博士后研究。2011 年年初，克里斯托夫·斯特查和奥利维尔·昆为了更好地发挥创新技术研发与业务应用之间潜在的协同效应，成立了 Pix4D 公司，其软件采用摄影测量和计算机视觉算法、并使用二维影像建立实景三维模型。Pix4D 公司的名称由 pixel（像素）和 4D（四维空间）组合而成，其软件产品的名称为 Pix4Dmapper。

2011 年 4 月，Pix4D 公司开始对外提供三维建模服务。2014 年 4 月，Pix4D 公司发布了 Pix4Dmapper 1.1。2015 年 1 月，Pix4D 公司发布了 Pix4Dmapper 1.3。2015 年 9 月，发布了 Pix4Dmapper 2.0。2016 年 12 月 15 日，发布了 Pix4Dmapper 3.1，该软件界面如图 5-8 所示。2017 年 3 月 5 日，发布了 Pix4Dmapper 3.2。2017 年 8 月，Pix4D 发布了 Pix4Dmapper 3.3。2017 年 10 月，Pix4D 公司发布了 Pix4Dmapper 4.0。2018 年又相继发布了 Pix4Dmapper 4.3 和 Pix4Dmapper 4.4。

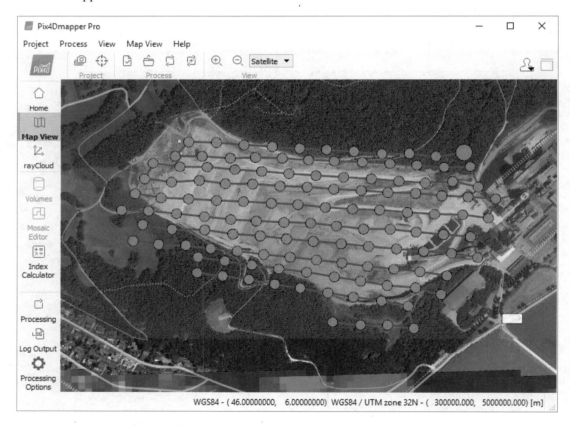

图 5-8　Pix4Dmapper v3.1 三维建模软件界面

由于使用简便、自动化程度较高、价格适中，Pix4Dmapper 也是目前广泛使用的实景三维建模软件之一，但是 Pix4Dmapper 一次性可处理的照片数量有限，一般不超过 2 000 张。

5.3.5　Altizure

2014 年 5 月，香港科技大学的权龙团队，宣布研发了新一代全自动三维地图生成技术。只要将通过直升机或无人机低空拍摄的具有高重叠度的数码照片输入到根据该技术开发的三维地图生成软件中，即可通过云计算，全自动地生成城市的三维模型。

2014 年 8 月，香港科技大学的创新企业珠峰创新科技有限公司成立，开启了实景三维建模技术的商业化之路。2015 年 3 月，由权健、方天、长兴启赋广联达投资管理合伙企业（有限合伙）等自然人和机构创办了深圳珠科创新技术有限公司（简称"珠科创新"）。公司自创办之初就定位在全三维的数字重建、分享和应用上，并致力于简化三维数据采集的流程、提高三维重建和三维渲染的效果和效率、丰富三维数据的应用。其主打产品 Altizure.cn 线上平台是基于互联网三维数据处理和服务的云平台，用户可以通过网络将自己拍摄的照片传送给该公司的三维数据处理云平台进行处理，并可在线浏览和分享所建立的实景三维模型。Altizure 的技术亮点在于深度学习的图像匹配、超大规模的分布式空三、高精度点云优化、无缝的瓦片模型拼接与智能纹理过滤等。

2016 年，Altizure 平台的三维重建引擎进行了多次升级，通过机器学习对图像进行识别和分类，减少了空三的计算量，并把传统的串行式空三计算升级为并行分布式的计算流程。

2018 年，珠科创新先后推出了 Altizure 开发平台、Altizure 三维实景一体机、Altizure 私有云部署、Altizure 星球等产品，打通了三维模型包括生产、重建、应用在内的整个流程。

Altizure 实景三维一体机，通过封装计算机三维重建技术，实现了三维建模本地化处理。实景三维一体机集管理与运算于一体，拥有三维建模引擎和展示服务平台全套服务，完成实景三维计算的同时，可集中管理图像与三维数据，实景三维重建速度可达 2.5GP/h（GP 即 Giga-Pixel，约相当于 42 张 2 400 万像素的数字影像的像素数量总和）。

虽然用户可以通过 Altizure 开发平台实现实景三维建模和分享，也可以使用 Altizure 三维实景一体机或 Altizure 私有云部署进行三维建模数据处理，但是目前 Altizure 并没有可以独立销售的实景三维建模软件产品。这在一定程度上限制了它在工程化数据生产中的应用。

Altizure 提供的服务采用会员制。用户可以使用免费项目，无须缴费也能体验 Altizure 的核心功能。当用户需要下载模型结果，或是需要获取进阶功能时，可以随时升级会员资格，享有专业项目的专属功能。Altizure 官网中会员年费价格（2018 年 12 月 1 日）如图 5-9 所示。

图 5-9　Altizure 官网中会员年费价格（2018 年 12 月 1 日）

5.3.6　Virtuoso3D

2018 年 12 月，武汉航天远景科技股份有限公司正式发布了 Virtuoso3D 1.0 全自动倾斜摄影三维建模集群系统，该系统界面如图 5-10 所示。该系统有效融合了计算机视觉技术和摄影测量原理，可对倾斜影像进行高度自动化和高精度的空三处理，是一套高性能的倾斜影像三维建模空三处理系统。

图 5-10　Virtuoso3D 1.0 全自动倾斜摄影三维建模集群系统界面

该系统有效地解决了目前在三维建模计算经常出现的空三连接点分布不均匀、空三计算结果断裂和分层等问题，具有大区域数据空三计算智能分区、控制点位置匹配与预测、并行计算集群作业等优点。空三计算的成功率较高，能够单次完成超过 10 万张影像的空三处理任务（已测试的最大数据集为 12 万张）。空三结果可以导入到第三方实景三维建模软件中使用。

5.3.7　Mirauge3D

Mirauge3D 1.0 影像智能建模系统是北京中测智绘科技有限公司（简称"中测智绘"）于 2017 年 11 月推出的实景三维建模软件产品，该系统界面如图 5-11 所示。该软件采用分裂合并式策略的自由网构建技术、多尺度大范围匹配点云三维表面重建技术、模板化的 GPU 高速姿态位置解算技术、基于变分法的三维表面精细化技术等，并针对无人机倾斜摄影照片的特点进行了优化，提高了产品的稳定性和适应性，三维建模的速度与国外软件相当。

图 5-11　Mirauge3D 1.0 影像智能建模系统界面

在商业模式中，中测智绘针对不同客户采取了如下 4 种不同的收费模式。

（1）软件销售与配套更新功能模块定制收费，单台计算机软件使用授权，后续收取更新费用。

（2）软件服务模式收费，公司向一些低频或者小型客户按年或者季度提供许可。

（3）将软件云端化，针对设计师等客户，按照处理的影像数量进行收费。

（4）对各类需要三维建模技术的企业，提供 SDK 接入服务，或者对其特定的需求进行定制化收费。

5.3.8　Pixel Factory Neo

提到实景三维建模，欧洲空客集团的防务与空间分部的 Pixel Factory Neo（新像素工厂）是不能不提的，也有必要说一下它的前身 Pixel Factory（像素工厂）和 Street Factory（街景工厂）。

Pixel Factory 是由地球信息公司于 2003 年开始研发和使用的大型对地观测数据处理系统，具有强大的航空影像和卫星影像处理能力，可在少量人工干预的条件下，对输入的海量数字航空影像或卫星影像进行自动化处理，并输出数字表面模型（DSM）、数字正射影像（DOM）、数字真正射影像（TDOM）等成果。Pixel Factory 1.0 着眼于推扫式传感器（ADS40 和部分卫星）的影像数据处理，Pixel Factory 2.0 可处理的数据则涵盖了当时的主流传感器（多传感器和框幅式数码相机）。Pixel Factory 1.0 和 Pixel Factory 2.0 并未作为正式产品对外销售，主要在地球信息公司内部使用。

2006 年初，地球信息公司正式对外推出了 Pixel Factory 2.1，开启了海量航空影像和卫星影像自动化处理的时代。北京天下图数据技术有限公司在 2006 年 5 月引进了国内第一套

Pixel Factory，开启了中国遥感影像数据自动化处理的先河。

2008 年 7 月，Pixel Factory 3.2 发布。2009 年，推出了 Pixel Factory 4.0。Pixel Factory 的最后版本是 2016 年发布的 Pixel Factory 5.0。

Pixel Factory 产品的架构如图 5-12 所示。

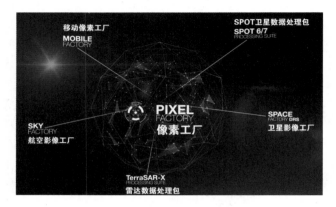

图 5-12　Pixel Factory 产品的架构

Pixel Factory 对地观测数据处理系统功能的示意图如图 5-13 所示。

图 5-13　Pixel Factory 对地观测数据处理系统功能的示意图

Mobile Factory（移动工厂）硬件系统的示意图如图 5-14 所示。

图 5-14　Mobile Factory（移动工厂）硬件系统的示意图

2011 年 1 月，Infoterra 公司与同是欧洲航空防务和航天公司的子公司 Astrium 旗下的 Spot Image 公司合并，组成了新的地理信息事业部。

2012 年 7 月，Astrium 公司发布了 Street Factory（街景工厂）全自动三维模型处理系统，它能够快速、全自动地处理倾斜影像，在极少人工干预的情况下提取高精度的真实三维模型。2014 年 10 月，推出了 Street Factory 1.3。2016 年年初，推出了 Street Factory 2.0。Street Factory 对地观测数据处理系统功能示意图如图 5-15 所示。

图 5-15　Street Factory 对地观测数据处理系统功能示意图

2013 年底，Astrium 与 EADS 和空中客车军事的防务部门 Cassidian 合并，组建了新的空中客车防务和空间事业部。

2016 年底，在 Pixel Factory 5.0 和 Street Factory 2.0 的基础上，组合成了新的产品 Pixel Factory Neo（新像素工厂）。重构后的新产品整合了原有两套系统的最好算法，可在同一个架构上实现原来像素工厂和街景工厂两套系统的功能，包含光学卫星、雷达卫星、框幅式相机、无人机等各种常见的处理模块，可以处理各种类型的传感器数据，可获得正射影像、数字高程模型、镶嵌产品、三维模型、实时快速镶嵌等多种数据产品。

Pixel Factory Neo 对地观测数据处理系统功能示意图如图 5-16 所示。

图 5-16　Pixel Factory Neo 对地观测数据处理系统功能示意图

据不完全统计，截至 2017 年年底，国内已部署的 Pixel Factory 系统和 Street Factory 系统总数超过了 40 套。

5.3.9 其他相关产品

还有一些具备对倾斜影像进行实景三维建模处理的软件产品，如 Racurs 公司的 PHOTOMOD 系列软件产品、Capturing Reality s.r.o 公司的 RealityCapture、3DF Zephyr、景致三维（江苏）股份有限公司的 Accupix3D Geo、武汉天际航信息科技股份有限公司的 DP Smart、北京数字绿土科技有限公司的 LiMapper 等。

但由于上述产品的应用案例和相关宣传材料较少，故没有在此逐一进行介绍。如果有需要，读者可与相关公司直接联系。

5.4 倾斜影像三维建模成果格式

三维模型的数据格式有很多种，但适用于倾斜影像三维模型的存储、发布、应用的格式主要有 OSGB、OBJ、S3C、3DML 等，每种格式又有自身的特点和适用范围。至于三维模型数据采用何种格式，主要取决于用户的要求和未来的应用模式。其中，OSGB 格式因其结构开放、有若干开源软件支持、可嵌入其他系统使用等，是目前通用的倾斜摄影三维模型数据格式之一。

5.4.1 OSGB

目前，市面上生产的倾斜摄影三维模型数据的组织方式一般是以二进制存贮的、带有嵌入式链接纹理数据（.jpg）的 OSGB 格式。采用 OSGB 格式的文件具有数据文件碎、文件数量多、高级别金字塔文件大等特点。这是因其技术机制含有高精度、对地表全覆盖的真实影像所决定的。

对于倾斜摄影三维模型，由于其技术原理是先计算稠密点云，经过简化后再构建 TIN，因此在数据生产的过程中，就能通过不同的简化比例来得到 LOD（Levels of Detail，多细节层次）数据，效果也最好，一般至少为 5～6 层，多则 10 层以上。数据本身自带 LOD，从技术原理上决定了数据虽然庞大，但完全可以做到非常高的调度和渲染性能（只要不破坏原始自带的 LOD）。这也是使用数据厂家自带的三维浏览器可以获得很好的加载和浏览性能的原因。

由于 OSGB 格式是开源 OSG 库所自带的二进制格式，直接读取效率高，且格式公开，有免费的开源库可以直接使用，并且适合作为后续网络发布与三维服务共享的模型传输格式，因此是倾斜摄影三维模型存储和应用的主要数据格式之一。

而为了解决网络发布后的数据安全问题，虽然在服务端是直接读取 OSGB 格式的文件的，但是在网络发布缓存到客户端时，可以采用一定的加密措施，提高数据文件的安全性。

如果采用数据库来进行 OSGB 格式的文件的存储和管理，也可以直接把每个 OSGB 小文件放到数据库中，而不必导入 OSGB 格式，既保护了数据原有的 LOD 数据，也维护了 OSGB 格式的开放性。

5.4.2　OBJ

OBJ 是 Alias|Wavefront 公司为它的一套基于工作站的三维建模和动画软件"Advanced Visualizer"开发的一种标准三维模型文件格式，适用于三维建模软件之间的文件传递。

OBJ 格式的文件一般包括 3 个格式的子文件，分别是.obj、.mtl、.jpg。除了模型文件，还需要.jpg 纹理文件。目前，几乎所有知名的三维建模软件都支持 OBJ 格式的文件的读写，不过其中很多需要通过插件才能实现。另外 OBJ 格式的文件还是一种文本文件，可以直接用写字板打开进行查看和编辑修改。OBJ 可以是传统模型，也可以是倾斜模型。

5.4.3　S3C

S3C 是 Smart3DCapture（现 ContextCapture）软件使用的一种内部格式，实质上是一个分块模型的索引，可以将模型的所有分块同时显示在一张图中。

5.4.4　3DML

3DML（3D Mesh Layer，三维网格图层）是 Skyline 公司针对三维模型推出的一种强大的、深度优化的、高效率的专用数据格式。3DML 可以通过 Skyline 公司的 CityBuilder 模块生成，也可以通过 TerraExplorer Pro 中的 Make3DML 工具生成。

3DML 图层实际是把模型打包生成一整块的三角网，生成以后不能编辑。3DML 图层的优势在于加载快速、模型显示范围大，相比流方式能够迅速地加载当前范围的模型，而且模型不会消失，只是根据距离显示不同精度的模型。

5.5　实景三维建模软件的选择

针对工程化实景三维模型数据的生产，对实景三维建模软件的选择可以参考以下几个原则。

（1）是否可以多节点并行计算：空三计算是否可以多节点并行计算，建模计算是否可以多节点并行计算。

（2）是否需要除影像之外的其他辅助参数：最好是除影像之外不需要其他辅助参数。有些三维建模软件需要提供相机检校参数、精确的 POS 数据等，限制了其使用范围。

（3）单一工程可计算的最大影像数量：理论上，单一工程可处理的影像数量越多越好，有些软件可以一次性地处理超过 10 万张的影像，有些软件只能一次性地处理几千张的影像。但一次性处理过多的影像会因为各种不可预知的问题的出现而影响整体工作的进度。因此，为了提高处理的灵活性，适应业务流程化的需要，通常会采用分区块处理的方法，每个区块的影像数量在 2 万～3 万张。对于地面分辨率 2cm/px、航向重叠度 80%、旁向重叠度 60%的影像来说，2 万张、2 400 万像素、5 个方向的倾斜影像的有效覆盖范围在 2.5km2 左右，2 万张、4 200 万像素、5 个方向的倾斜影像的有效覆盖范围在 5.5km2 左右。而对于地面分辨率 5cm/px、航向重叠度 80%、旁向重叠度 60%的影像来说，2 万张、2 400 万像素、5 个方向的倾斜影像的有效覆盖范围在 13.5km^2 左右，2 万张、4 200 万像素、5 个方向的倾斜影像的有效覆盖范围在 22km^2 左右。

（4）对硬件配置和性能要求是否灵活：为了提高硬件系统的性价比和灵活性，多数用户会根据自身的需要和能力来选择配置集群的硬件。一般情况下，单个计算集群配置 10～20 个节点比较合适。具体硬件配置的数量和指标，可参考各厂家的推荐指标和实际工作需要。

第6章 三维模型缺陷分析与对策

基于倾斜摄影技术构建的地表三维模型，受地表形态、地物类型、建筑物结构和表面材质、车辆移动、倾斜摄影系统类型、航线覆盖方法、影像分辨率、时间周期等多种因素的影响，一般都会存在一些缺陷。有些缺陷是倾斜摄影方法和三维建模计算方法所固有的，属于"先天不足"；有些则是因无人机选型不对、相机参数设置不当、航线设计不合要求等原因造成的，属于"后天不良"。"先天不足"的缺陷只能减小或重新建模，"后天不良"的缺陷则可以改善或修复。

6.1 倾斜摄影三维模型存在的缺陷

倾斜摄影三维模型缺陷的表现主要有两类：一类是结构缺失或错误，另一类是纹理缺失或错误。产生缺陷的原因主要有以下几个方面。

（1）洁净且平静的水面导致的模型结构缺失：水面空洞。

（2）镜面反射导致的模型结构变形：玻璃外表建筑物变形，透明玻璃匹配错误等。

（3）透明玻璃导致的模型结构变形：玻璃透明导致的匹配错误和模型失真。

（4）均匀材质导致的模型结构变形：大面积同质纹理（如道路、机场、广场），均匀结构纹理（如彩钢瓦屋顶），有作物的农田。

（5）镂空物体导致的模型结构缺失：铁栅栏、钢结构电力线塔等结构缺失。

（6）建筑物密集导致的模型结构粘连：建筑物间隔过小，复杂结构的构筑物。

（7）建筑物凹凸结构导致的模型遮挡：屋檐下、非封闭阳台、门洞、微结构等结构缺失。

（8）严密遮盖导致的模型结构缺失：树木严密遮盖的建筑物或地表，树叶遮挡的树枝和树干。

（9）细小结构体导致的模型结构缺失：电线杆、灯杆、电线、细小树木枝干等结构缺失或不可见。

（10）扁平竖立物体导致的模型结构缺失：广告牌、围墙、实体栅栏结构缺失。

（11）物体移动导致的结构变形和纹理失真：移动的车辆，车辆较多的街道、公路，红绿灯路口等路面纹理失真、结构变形。

（12）树叶的相似性导致的树冠纹理模糊：树木细节表现不佳，纹理模糊。

（13）影像分辨率低导致的模型结构失真：建筑物结构平直度不够，地物细节不清晰。

（14）影像覆盖率不足导致的模型结构失真：照片数量不够，倾斜角度不够。

（15）气象因素导致的模型缺陷：风吹树叶晃动，雨雪覆盖，水面波动等。

（16）时间因素导致的模型缺陷：阴影变化，地表覆盖变化等。

（17）季节因素导致的模型缺陷：春夏秋冬季节变换，植物生长周期。

（18）分块建模导致的模型缺陷：三维建模软件分块建模导致的三维模型块与块之间不严格接边。

上述缺陷产生的原因也可以归纳为材质类、结构类、设备类、尺寸类、自然类 5 种类型。

材质类缺陷是指因被摄物体的表面材质，倾斜摄影三维建模软件不能完整准确地恢复被摄物体三维结构和纹理所形成的结构缺失或纹理错误等缺陷，主要包括水面和镜面反射导致的空洞和结构变形、均匀材质导致的结构变形和纹理失真、相似性导致的纹理模糊等。

结构类缺陷是指因被摄物体的结构使得三维建模软件不能完整准确地恢复被摄物体三维结构和纹理所形成的结构缺失或纹理错误等缺陷，主要包括镂空物体导致的模型结构缺失、建筑物密集导致的模型结构粘连、建筑物凸凹结构导致的模型遮挡、严密遮盖导致的模型结构缺失、物体移动导致的纹理失真和结构变形等。

设备类缺陷是指因使用倾斜摄影设备不当或三维建模软件固有特点产生的缺陷，主要包括影像分辨率低导致的模型结构失真、影像覆盖率不足导致的模型结构失真、三维模型块与块之间不严格接边等。

尺寸类缺陷是指因被摄物体的尺寸过小导致的三维模型缺陷，主要包括细小结构体导致的模型结构缺失、树叶的相似性导致的树冠纹理模糊、扁平竖直物体导致的模型结构缺失等。

自然类缺陷是指因气象和季节因素导致的三维模型缺陷，主要包括气象因素、时间因素和季节因素等导致的模型缺陷。

至于三维模型的缺陷是否需要修复、修复程度、修复方法等，可根据使用方的要求和三维模型的应用场景等综合考虑。

6.2 水面空洞缺陷及修复

洁净且平静的水面具有表面纹理一致和镜面反射的特性，这对于以影像纹理特征为基础、采用多影像匹配算法进行空三计算和三维重建的倾斜影像三维建模软件来说，基本上是无解的。也就是说对于洁净且平静的水面，由于其纹理一致的特性，理论上无法进行影像匹配计算，也就无法完成三维重建。同时，洁净且平静的水面还有镜面反射的作用，而其在不同角度的倾斜影像上可能会呈现不同的纹理，也会导致水面结构失真和纹理错误。

无论是河流、湖泊，还是水库、池塘，只要水面色彩基本均匀，且超过一定面积，几乎都会产生表面结构缺失或失真的问题。水面空洞的结构缺失和纹理缺失（三维模型）如图 6-1 所示。水面空洞的结构缺失和纹理缺失（三角网模型）如图 6-2 所示。

图 6-1　水面空洞的结构缺失和纹理缺失（三维模型）

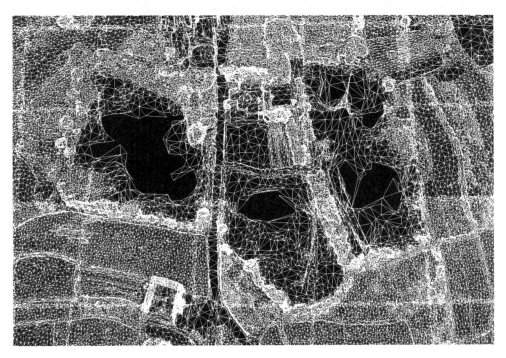

图 6-2　水面空洞的结构缺失和纹理缺失（三角网模型）

　　水面空洞缺陷是由目前倾斜影像三维建模软件的建模计算方法所导致的，属于"硬伤"，是无法避免的。虽然水面空洞的缺陷经常出现，但由于水面的结构水平、水面的纹理相似，因此对水面空洞的修复是比较容易的。

对于水面空洞结构的修复可以借助三维建模软件、三角网结构修复软件或三维场景编辑软件，采用手工修复三角网的方法进行。通常是先勾绘出需要修补的范围，然后按照所在水域的水平面进行三角网修补，再粘贴邻近水面的纹理，修复后的结构和纹理与邻近水域的符合度也较好。这种方法也称为"水面压平"。水面空洞纹理修复后的结果示意图如图6-3所示，水面空洞三角网修复后的结果示意图如图6-4所示。

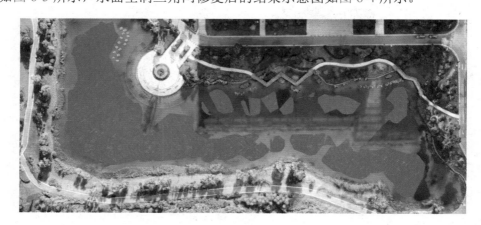

图 6-3　水面空洞纹理修复后的结果示意图

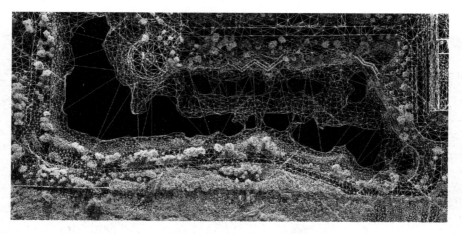

图 6-4　水面空洞三角网修复后的结果示意图

另一种修复水面空洞缺陷的方法是限制参与三维重建的水面范围，并采用手工修复的方法。在三维建模计算前，先勾绘出水面范围，选择不让勾选的范围参与三维建模计算，待三维模型重建完成后，再借助三维建模软件、三角网结构修复软件或三维场景编辑软件，采用手工修复三角网的方法进行修复。

6.3　镜面反射缺陷及修复

镜面反射缺陷主要是指由于建筑物平整表面及材质（玻璃幕墙等）产生的镜面反射作用，导致该建筑物的结构缺失或失真、纹理粘贴错误等现象。这种现象主要出现在城市中心区的玻璃幕墙的高大建筑物上，越是所谓科技感强的大型建筑物越容易产生镜面反射缺陷。大面积玻璃幕墙反光造成的镜面反射缺陷如图 6-5 所示，建筑物右侧的大面积玻璃幕墙的结构产生变形、纹理失真。由于玻璃窗的反光和透明造成的镜面反射缺陷如图 6-6 所示。

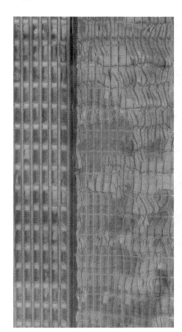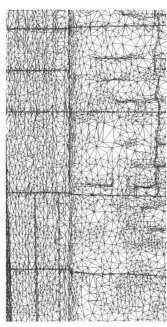

图 6-5　大面积玻璃幕墙反光造成的镜面反射缺陷

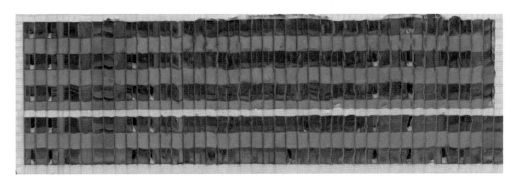

图 6-6　由于玻璃窗的反光和透明造成的镜面反射缺陷

　　镜面反射缺陷产生的原因与水面空洞缺陷产生的原因类似，一方面是由于建筑物的玻璃幕墙表面的反射作用，使得同一区域在不同角度的倾斜影像上会呈现出不同内容的影像；另一方面则是玻璃的透明特性，使得倾斜影像上呈现的可能是玻璃窗内部的物体和结构。而这两方面的影响都使得在倾斜影像上呈现的内容并不是建筑物本身的表面纹理，从而导致影像匹配出现错误，重建的三维模型也必然会带有结构失真和纹理失真。

　　镜面反射缺陷也是由三维建模软件计算方法的局限性导致的，同样属于"硬伤"，也是无法避免的。

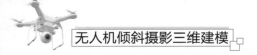

6.4 透明玻璃缺陷及修复

透明玻璃缺陷主要是指由于玻璃的透明特性导致的影像匹配错误和模型结构缺失或失真、纹理粘贴错误等现象。这种现象主要出现在玻璃幕墙、落地窗、玻璃雨棚等构筑物上。

挑空玻璃雨棚的建模效果如图 6-7 所示。由于雨棚玻璃的透明性，不仅雨棚自身的结构没有恢复出来，就连挑空玻璃雨棚的纹理也被错误地粘贴到下方建筑物的正门处，如图 6-8 所示。

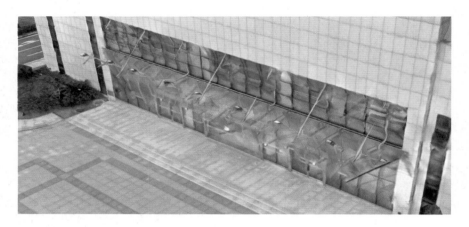

图 6-7　挑空玻璃雨棚的建模效果

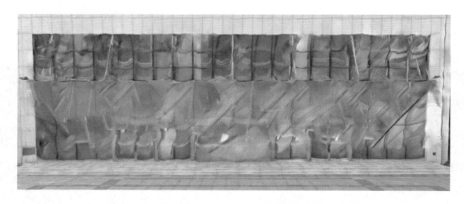

图 6-8　挑空玻璃雨棚的纹理被错误地粘贴到建筑物正门处

透明玻璃雨棚处的三维建模效果如图 6-9 所示。由于雨棚玻璃洁净透明，三维建模软件直接忽略了玻璃的存在，将雨棚下方出入口隧道的模型恢复了出来，但纹理却用了玻璃雨棚的影像。

和镜面反射缺陷一样，透明玻璃缺陷也是由三维建模软件计算方法的局限性导致的，同样属于"硬伤"。

对透明玻璃缺陷的修复只有手工修复的方法，即使用常规三维建模软件，参考倾斜摄影三维模型中建筑物的结构和尺寸，采用手工建模的方法，重新建立一个尺寸、结构、纹理等与实际建筑物相同的三维模型，并粘贴原始倾斜照片对应部分的影像，然后替换原来三维场景中的建筑物模型。

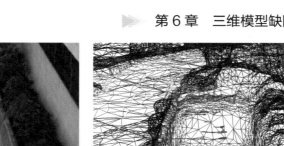

（a）透明玻璃建模结果（三维模型）　　　　　　　（b）透明玻璃建模结果（三角网模型）

图 6-9　透明玻璃雨棚的三维建模效果

6.5　均匀材质缺陷及修复

均匀材质缺陷主要指受较大面积具有高相似度的同质纹理（如公路、机场、大型广场）和相似细部结构（如彩钢瓦屋顶）的影响，在三维模型上出现的结构变形和纹理失真的缺陷。均匀材质缺陷一般出现在屋顶、广场、宽阔道路的局部区域，主要表现为屋顶纹理失真、路面平整度不好。

彩钢瓦屋顶出现的纹理失真示意图如图 6-10 所示，图中右侧可见结构变形和纹理失真的缺陷。

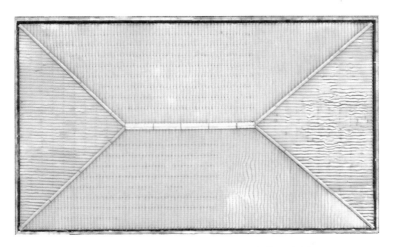

图 6-10　彩钢瓦屋顶出现的纹理失真示意图

红瓦屋顶出现的纹理失真示意图如图 6-11 所示，图中可见多处纹理失真。

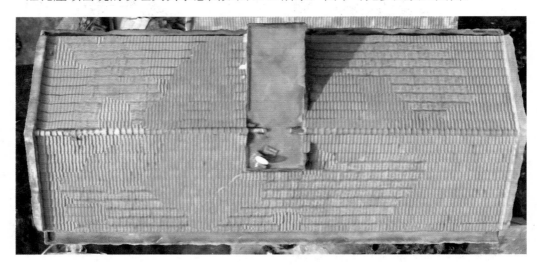

图 6-11　红瓦屋顶出现的纹理失真示意图

使用同规格方砖铺成的广场示意图如图 6-12 所示。从正面看，结构和纹理效果都不错，但从侧面拉近观察后发现其平整度较差。广场表面平整度失真示意图如图 6-13 所示。

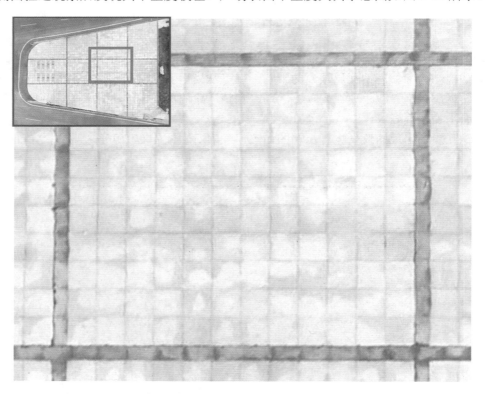

图 6-12　使用同规格方砖铺成的广场示意图

图 6-13　广场表面平整度失真示意图

　　均匀材质缺陷出现的原因比较复杂，但主要与倾斜影像的分辨率和覆盖度有关。理论上说，倾斜影像的分辨率越高、覆盖度越大，地物细节的呈现就越清晰，表面纹理的相似度越低，匹配效果就越好。但在实际作业时，通常会按照确定的影像地面分辨率和覆盖度获取倾斜影像，很难兼顾所有的地物形态，也就无法完全避免出现局部结构和纹理的失真。此外，由于倾斜摄影飞行时不同曝光点和不同角度的传感器之间存在一定的时间差和角度差，导致同一地物或同一区域在多张影像上呈现的形状、角度、照度、光影等特征并不完全相同，也是造成均匀材质缺陷的原因之一。

　　为了减少甚至避免出现均匀材质缺陷，通常可以从分辨率设置、相机选型、气象条件选择、航线设计等几个方面来着手。

　　（1）影像地面分辨率（以相机曝光点铅垂线与地面相交点计算）一般按 2cm/px 或 5cm/px 两挡设置。对城镇和农村的建筑区域，影像地面分辨率按 2cm/px 左右设置，可保证房屋的建模精度达到 10cm 以内，满足 1:500 测图的精度要求；对其他区域，影像地面分辨率可按 5cm/px 设置，可保证建模精度达到 20cm 以内，满足 1:1 000 或 1:2 000 测图的精度要求。从大量倾斜摄影三维建模的实践来看，当影像地面分辨率低于 5cm/px 时（分辨率＞5cm/px），无论是三维模型的视觉清晰度，还是建筑物结构特征精细程度和完整程度，都不尽如人意。

　　（2）尽量选择全幅相机。一般来说，影像传感器的像元尺寸越大，数码相机的成像质量越好。当影像地面分辨率或有效像素数量相同时，使用全画幅尺寸（24mm×36mm）传感器相机的影像清晰度和色彩还原度比 APS-C 幅面（15.6mm×23.5mm）相机的要好。因此，条件允许时，应尽量使用更大幅面传感器的数码相机。

　　（3）无风的薄云晴天是倾斜摄影的最佳天气。薄云晴天既满足了倾斜摄影的照度需求，又可以降低因阳光直射造成的反差过大和阴影区影像细节不足的影响。同时，也可以避免因太阳高度角随时间变化所带来的被摄物体的照度和阴影区域的变化，减少因不同曝光时点造成的成像结果差异。

　　（4）采用高重叠度的航线设计。影像地面分辨率、航向重叠度、旁向重叠度和影像覆盖度的设置，是综合考虑被摄区域情况和作业效率的结果。按照倾斜影像三维重建计算的方法，影像地面分辨率越高、照片重叠度越高、影像覆盖度越大，三维模型的质量越好，但三维重建的计算量也越大。根据以往的作业经验，使用五镜头倾斜相机或双镜头三相位摆动式倾斜相机时，一般可以按影像分辨率 2cm/px、航向重叠度 80%、旁向重叠度 60% 设置，对建筑物密集区域可以将旁向重叠度增加到 80%；使用双镜头固定方向相机进行倾斜摄影时，航向重叠度和旁向重叠度均按 80% 设置。

由于均匀材质缺陷的纹理失真一般只在局部出现，若无特殊要求，可不修复。而均匀材质缺陷的结构失真，则需根据需求进行必要修复，如广场和道路表面适当进行平整度修复。均匀材质缺陷结构失真的修复方法可以参照水面空洞的修复方法，先勾绘出需要修复的范围，对该范围内的三角网进行曲面或平面拟合处理，再恢复对应的纹理。

6.6 镂空物体缺陷及修复

镂空物体主要指各种电力和通信铁塔、镂空结构建筑物、铁栅栏、密集管网（化工厂、变电站）、稀少树叶的树木等。仍然是受三维建模软件计算方法的局限，镂空物体很难在三维建模时恢复完整的三维形状，物体结构失真和缺失较为严重，纹理也多是错误的。镂空物体缺陷也属于倾斜影像三维建模的"硬伤"，无法避免。电力铁塔照片和三维模型效果示意图如图 6-14 所示，通信铁塔照片和三维模型效果示意图如图 6-15 所示。

（a）电力铁塔照片　　　　　　　　　　　　　（b）电力铁塔三维模型

图 6-14　电力铁塔照片和三维模型效果示意图

（a）通信铁塔照片　　　　　　　　　（b）通信铁塔三维模型

图 6-15　通信铁塔照片和三维模型效果示意图

铁路站场照片和三维模型效果示意图如图 6-16 所示。

（a）铁路站场照片

（b）铁路站场三维模型 1

图 6-16　铁路站场照片和三维模型效果示意图

（c）铁路站场三维模型 2

图 6-16　铁路站场照片和三维模型效果示意图（续）

镂空的铁栅栏三维模型效果示意图如图 6-17 所示，从图中可以看出，部分柱体间的铁栅栏完全缺失了。

（a）镂空的铁栅栏三维模型效果（三维模型）

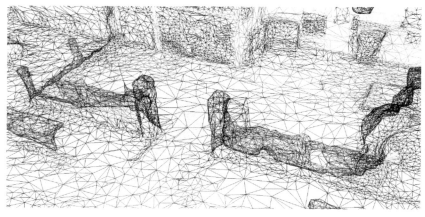

（b）镂空的铁栅栏三维模型效果（三角网模型）

图 6-17　镂空铁栅栏三维模型效果示意图

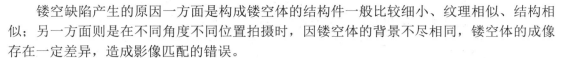

镂空缺陷产生的原因一方面是构成镂空体的结构件一般比较细小、纹理相似、结构相似；另一方面则是在不同角度不同位置拍摄时，因镂空体的背景不尽相同，镂空体的成像存在一定差异，造成影像匹配的错误。

对镂空物体缺陷可以采用模型替换的方法进行修复，即使用常规三维建模软件，参考原始照片的结构样式和纹理，根据三维模型中的结构和尺寸，采用手工建模的方法，重新建立一个尺寸、结构、纹理等与实际物体相同的三维模型，然后替换原来三维场景中的物体模型。虽然镂空物体缺陷较为严重，但由于多数电力铁塔和通信铁塔的结构非常相似，类型也不多，因此可以采用建立若干标准模型样本，并根据实际物体结构和尺寸进行修改的方法，建立并替换所有的模型。

6.7　建筑物密集缺陷及修复

建筑物密集缺陷是指由于相邻物体（建筑物、树木）之间的间距过小，导致相邻物体的三维模型出现粘连的现象。建筑物密集缺陷可以出现在建筑物与建筑物之间，也存在于建筑物与树木、树木与树木之间，但建筑物间的结构粘连对后续应用影响较大，故将这种缺陷称为建筑物密集缺陷。建筑物密集缺陷导致的结构粘连，不仅影响三维模型的视觉效果，也给建筑物的量测和对象化标注带来了一定的影响。

如图6-18（a）所示的三栋房屋之间由于间距过小，出现了相互之间的粘连。从图6-18（b）所示的三角网模型中可以更加清楚地看到建筑物间的粘连。

（a）建筑物间的粘连现象（三维模型）

图6-18　建筑物间的粘连现象示意图

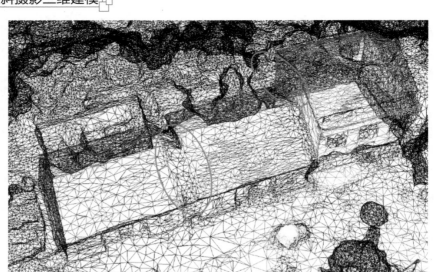

（b）建筑物间的粘连现象（三角网模型）

图 6-18　建筑物间的粘连现象（续）

建筑物与树木间的粘连现象示意图如图 6-19 所示。

虽然相邻树木之间也会出现结构粘连的现象，但在实际应用中很少会对单棵树木进行量测和对象化标注，而且树冠的形状多为不规则的平滑曲面，三维建模的效果基本上恢复了树木的真实轮廓，因此，树木之间的结构粘连对视觉效果的影响不大。

从实际三维模型的结果来看，在标准重叠度（航向重叠度 80%、旁向重叠度 60%）情况下，当两个物体间的间距小于倾斜影像分辨率的 100 倍左右时，就会出现结构粘连现象，即建筑物密集缺陷。

因此，通过加大照片重叠度、提高影像分辨率、增加影像覆盖度、增补多角度照片等方法，可以有效地减少或避免建筑物密集缺陷的出现。

（a）房屋与树木间的粘连现象（三维模型）

图 6-19　建筑物与树木间粘连现象

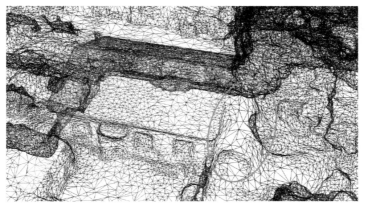

（b）房屋与树木间的粘连现象（三角网模型）

图 6-19　建筑物与树木间粘连现象（续）

但是，对于建筑物密集缺陷的修复则相对困难。对建筑物密集缺陷的修复，不仅要修补缺失的结构，还要恢复必要的纹理，而这些信息无论是从原始照片上还是三维模型上都难以直接得到，且修复的工作量也比较大，一般不建议进行手工修复。如果必须进行建筑物的量测工作，则可以采取实地补测的方法获取相关数据。

6.8　建筑物凸凹缺陷及修复

建筑物凸凹主要是指建筑物自身的房檐、非封闭阳台、飘窗、外墙装饰结构、尺寸较小的凹凸结构、天井等建筑结构的微小凸凹，而三维模型中对这些微小凸凹结构表现出来的结构失真和纹理失真现象，统称为建筑物凸凹缺陷。

房檐结构引起的建筑结构失真和纹理拉伸现象如图 6-20 所示。

（a）多层房屋房檐和阳台的影响　　　　　　　　　　（b）平房房檐的影响

图 6-20　房檐结构引起的建筑结构失真和纹理拉伸现象

（c）楼房房檐的影响

图 6-20　房檐结构引起的建筑结构失真和纹理拉伸现象（续）

多层房屋阳台及走廊引起的建筑结构失真和纹理拉伸现象如图 6-21 所示。

（a）多层房屋凸出阳台的影响

（b）多层房屋凹进阳台的影响

（c）多层房屋走廊的影响

图 6-21　多层房屋阳台及走廊引起的建筑结构失真和纹理拉伸现象

从三维建模的结果来看，房檐的长度、阳台凸出或凹进的长度超过 0.5m，就会产生明显的结构失真和纹理拉伸，影响三维模型的视觉效果。而这种现象在城镇的底层商铺和南方骑楼结构建筑中更加明显。骑楼结构引起的建筑结构失真和纹理拉伸现象如图 6-22 所示。

图 6-22　骑楼结构引起的建筑结构失真和纹理拉伸现象

这种由于房檐、凸凹阳台结构引起的建筑结构失真和纹理拉伸现象是由倾斜摄影的方法造成的。倾斜摄影三维建模的一条基本规则是"可见才可得"，也就是说，只有在照片中有影像，并且还要在多角度的多张照片上成像，三维建模软件才能重建被摄对象的三维模型。而常规的倾斜摄影一般是在空中一定高度对地面进行摄影，相机主光轴的倾斜角度多为 30°～45°，必然存在一定范围的成像死角，如房檐下面、凸出阳台下面、凹进阳台上面、树木下部等被遮挡的区域，这部分区域是没有影像的，三维建模软件也就无法恢复其三维结构。因此，多数倾斜摄影三维模型都存在因遮挡造成的结构和纹理缺失、变形等缺陷。

如果对被遮挡的地方采用地面或空中补拍的方法获取一定数量的照片，单独或与之前从空中获取的倾斜照片混合再次进行三维建模，是否可以减少或修复这类缺陷呢？答案是肯定的。只要有足够多的照片和少量的辅助信息，三维建模软件是可以比较好地修复被摄对象三维模型的。而是否需要进行修复，主要是看用户的要求，以及时间周期和费用支出。

图 6-23 是使用消费级无人机及数码相机手控飞行拍摄的一组多视角照片进行三维建模的效果示意图，可以看到，模型的完整性和精细度都得到了较好的保证。

图 6-23　多视角照片三维模型效果示意图

　　对独立建筑物或树木而言，因房檐或阳台等凸凹结构的遮挡，根据其距离照片拍摄点的距离和角度，一般会造成其下方一定角度以内的部分影像缺失，从而导致模型的结构和纹理缺失，虽然三维建模软件会自动进行结构填补和纹理恢复，但都是不正确的。

　　相机倾斜 45°时位置与建筑物被遮挡部分的关系如图 6-24 所示，相机倾斜 30°时位置与建筑物被遮挡部分的关系如图 6-25 所示。两幅图片显示了当相机的主光轴向左侧倾斜 45°和 30°时，因建筑物房檐、阳台等凸凹结构导致其下方影像缺失的部位（图中深色部分），且距离拍摄点水平距离越近，遮挡越严重。虽然当倾斜光线的倾斜角达到 60°时（图中 D 点），遮挡的角度会小一些，遮挡部分也会相应减少，故会对三维模型的清晰度产生较大影响。

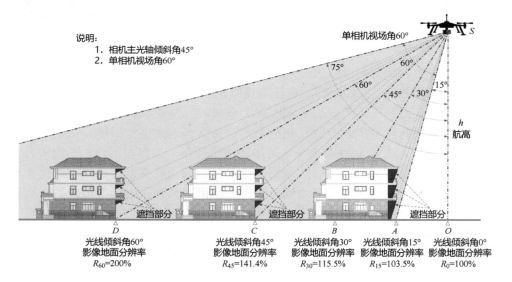

图 6-24　相机倾斜 45°时位置与建筑物被遮挡部分的关系

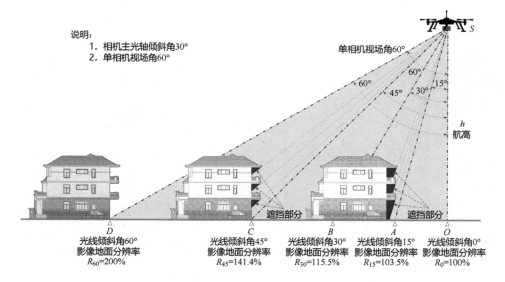

图 6-25　相机倾斜 30°时位置与建筑物被遮挡部分的关系

从图 6-24 和图 6-25 可以看出，相机倾斜角度的设置并不会改变相同位置建筑物被遮挡部分的多少，只是影像的覆盖范围有所变化。但如果倾斜相机采用更长焦距的镜头，在保证影像分辨率的前提下，就可以减少一些遮挡（图中 D 点处），然而由于距离曝光点过远，三维模型的精度和精细度也会受到影响，实际上对遮挡缺陷的改善非常有限。

同样，单株的树木也会因树种和树冠形状的差异导致其下方和周边一定范围的地面和物体受到遮挡，相机倾斜 30°时位置与被树木遮挡部分的关系如图 6-26 所示（图中深色区域为被遮挡部分）。由于树木树冠的形状多数都是上小下大的锥形或半球形，因此，树冠的形状在倾斜摄影三维建模时能够得到较好的恢复和呈现，只是受影像分辨率不够、树叶尺寸普遍较小、树叶相似度极高、拍摄时树叶晃动等因素的影响，难以恢复出单片树叶的细节。

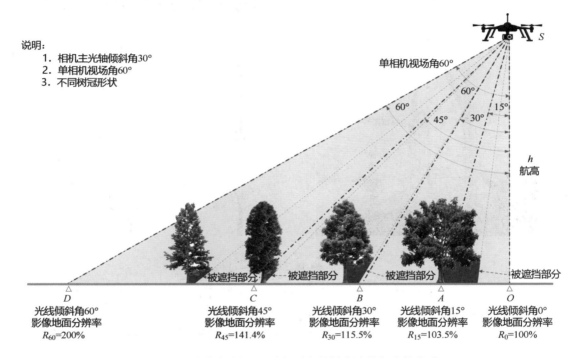

图 6-26　相机倾斜 30°时位置与被树木遮挡部分的关系

6.9　细小结构体缺陷及修复

对倾斜摄影三维建模而言，细小结构体一般是指物体构成件的粗细（如直径）小于影像分辨率 1/10～1/5 倍的结构体，如各种钢结构的结构件、电线杆、灯杆、电线、铁栅栏、护栏、落叶后的树木枝干等，许多镂空物体的结构件也属于细小结构体。部分细小结构体和镂空物体示意图如图 6-27 所示。

从三维建模的成果来看，目前倾斜摄影三维建模软件对独立存在（悬空、与其他物体具有一定距离）的细小结构体，都存在无法准确恢复其三维模型和结构缺失的问题，此类问题称为细小结构体缺陷。

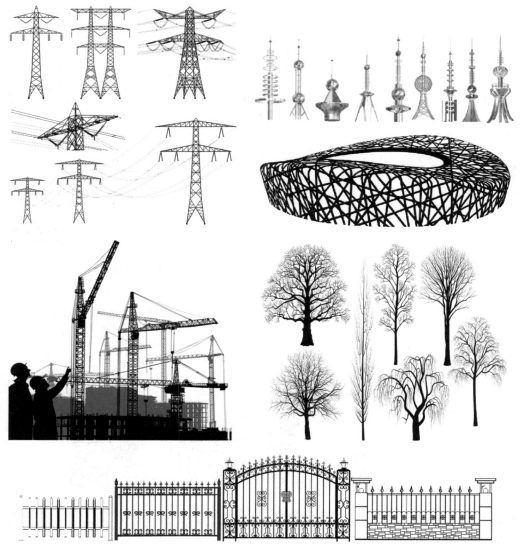

图 6-27　部分细小结构体和镂空物体示意图

　　对于悬空、稀疏、独立存在的细小结构体（如灯杆、电杆、电线、树枝等），由于其在照片上的成像尺寸很小（通常小于 5 个像元），在每张照片上的成像位置及背景各不相同，往往会按照背景影像的结构建模，很难恢复出独立的三维模型。而对于整体结构尺寸较大且较为紧密的镂空物体，如较大的电力铁塔、通信铁塔、塔吊、屋顶的钢结构装饰、镂空表面建筑物等，虽然单个构成件的粗细较小，但整体结构的影像特征比较明显，通常可以恢复出部分结构的三维模型，但缺失较为严重，且纹理错漏现象较多。部分因细小结构体导致的三维模型缺陷的示例如图 6-28 所示。

（a）广播铁塔　　　　（b）塔吊　　　　（c）路灯和信号灯　　　　（d）移动基站

（e）屋顶遮阳棚　　　　（f）限高杆　　　　（g）热力管线　　　　（h）电力线杆

图 6-28　部分因细小结构体导致的三维模型缺陷的示例

　　对细小结构体缺陷的修复与对镂空物体缺陷修复的方法基本相同，一般是采用手工建模的方法，重新建立一个尺寸、结构、纹理等与实际物体相同的三维模型，然后替换原来三维场景中的物体模型。

6.10　树叶的相似性导致的树木模型纹理模糊

　　树叶的相似性是指相同树种和同一植株在同一时间的树叶，具有形状的相似性、尺寸的一致性、颜色的一致性等相似特征。同时，不同树种、不同植株间树叶的形状、尺寸、颜色会有一定的差异，但树叶的尺寸多数都在 20cm 以内。部分树叶的形状示意图如图 6-29

所示。

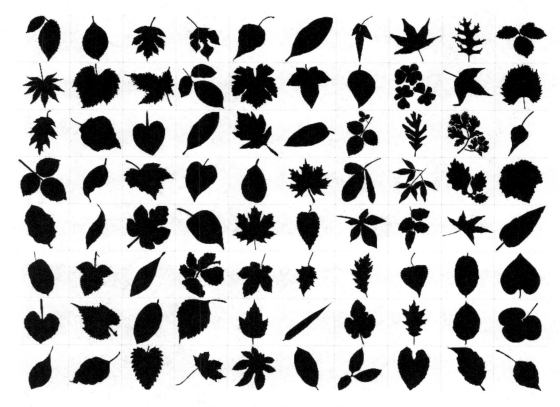

图 6-29　部分树叶形状示意图

研究表明，只要影像地面分辨率足够高、照片数量足够多、照片重叠度有保证、遮挡部位足够少，使用倾斜影像三维建模技术是可以基于照片恢复出比较精细的植物三维模型的。

然而倾斜摄影主要是为了建立精细的地表三维模型，一般不会针对树木和植被三维建模需求来设置影像的分辨率和照片的重叠度。虽然多数三维模型能够较好地表现树冠的基本形状，但是对树木和叶片的细节表现不佳，叶片间的空隙也很难表现出来，树木的表面纹理比较模糊，很难分辨出单独的叶子。

整体来看，只要影像地面分辨率优于 5cm/px，其三维模型都能较好地展现树木或植被的三维形态和色彩。如果三维建模的主要对象是某种特定的植被类型，则需要根据用途选择合适的季节、天气、影像地面分辨率等进行倾斜摄影，其中在无风的薄云晴天进行倾斜摄影是植被三维形态和树冠细节恢复最好的气象条件之一。

稀疏树木和荷叶的三维建模效果示意图如图 6-30 所示，图中树木的形状和色彩都非常真实，可以准确地辨别每一棵树，水塘中荷叶的形态也完整地恢复出来了。

主要倾斜摄影参数：湖北省孝感市孝南区、5 月摄影、多旋翼无人机、双镜头三相位摆动式倾斜相机、单相机的像素数量为 2 430 万、影像地面分辨率为 2cm/px、航高为 100m。

（a）稀疏树木和荷叶的建模效果（三维模型）

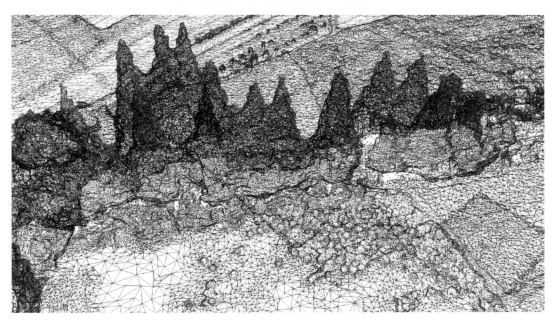

（b）稀疏树木和荷叶的建模效果（三角网模型）

图 6-30　稀疏树木和荷叶的三维建模效果示意图

　　密集林地的三维建模效果示意图如图 6-31 所示，图中密集林地的三维模型效果较好，但难以准确分辩单棵的树木。

　　主要倾斜摄影参数：湖北省孝感市孝南区、5 月摄影、多旋翼无人机、双镜头三相位摆动式倾斜相机、单相机的像素数量为 2 430 万、影像地面分辨率为 2cm/px、航高为 100m。

（a）密集林地的建模效果（三维模型）

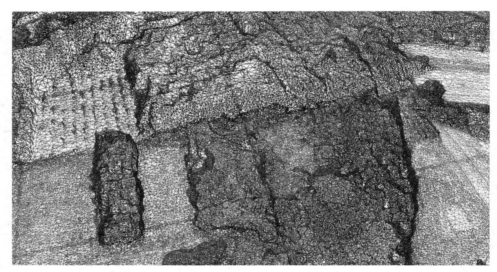

（b）密集林地的建模效果（三角网模型）

图 6-31　密集林地的三维建模效果示意图

6.11　影像地面分辨率低导致的模型缺陷与对策

　　在倾斜摄影三维建模技术中，影像分辨率和照片覆盖度是两个决定三维模型质量的主要因素。影像分辨率低会导致两种缺陷，一种是模型结构失真，另一种是模型表面纹理模糊。

　　模型结构失真是指依据影像恢复的三维模型结构与实际物体结构的差异，差异的大小与影像分辨率成反比，即影像地面分辨率越高，三维模型结构与实际物体结构的差异越小，也就是三维模型的精度越高。反过来，当影像地面分辨率低到一定程度时，这种差异不仅会导致三维模型的精度无法保证，而且也严重影响了三维模型的视觉效果。

影像地面分辨率低会导致建筑物的结构失真，如建筑物结构平直度不够、直角变成圆角、凹凸结构缺失、建筑细节损失、地物细节不清晰等，还会使表面的纹理细节丢失和模糊。影像地面分辨率低导致的三维模型缺陷示意图如图 6-32 所示，其中图（a）为 2cm/px 影像地面分辨率的三维模型效果，图（b）为 4cm/px 影像地面分辨率的三维模型效果。

（a）影像地面分辨率为 2cm/px 的三维模型　　　（b）影像地面分辨率为 4cm/px 的三维模型

图 6-32　影像地面分辨率低导致的三维模型缺陷示意图

从对倾斜摄影三维模型实际检测的结果来看，三维模型的精度与影像地面分辨率直接相关，三维模型的精度是影像地面分辨率的 3～5 倍。如果影像地面分辨率为 2cm/px，则三维模型的精度一般在 10cm 左右；影像地面分辨率为 5cm/px，三维模型的精度在 20cm 左右。

三维模型的精确度（精度）和清晰度不仅影响模型本身的视觉效果，也决定了基于三维模型所做的量测工作的精度，如长度、面积、体积测量，轮廓线、边界线、特征点线的位置等。

改善影像地面分辨率低导致的模型缺陷的方法应该是最简单的，那就是尽可能提高影像地面分辨率，如降低航高、使用更长焦距的镜头、使用更大幅面传感器的相机等。但受多种因素的影响，实际作业时又不能一味地提高影像地面分辨率。因此，影像地面分辨率的选择是一个综合了模型应用需求和实际执行可能的过程和结果。

如果倾斜摄影是为了建立精细的地表三维模型，以满足三维城市、地形图测绘、不动产登记等工作所要求的量测精度，影像地面分辨率通常应优于 5cm/px；对城镇大面积的建筑区域，影像地面分辨率应优于 2cm/px。

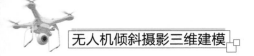

6.12 影像覆盖率低导致的模型缺陷与对策

　　影像覆盖率的高低是决定三维模型质量的两个主要因素之一，也是衡量倾斜摄影成果是否满足三维重建计算要求的重要参数之一。影像覆盖率低（包括相机倾斜角度设置不够）会导致三维模型的结构失真或缺失、纹理缺失或失真的缺陷。

　　在图像处理或计算机视觉中，对同一物体的影像出现在不同角度、不同位置的照片上的次数一般称为图像维度或视觉维度。在倾斜摄影技术中，由于倾斜相机的类型不同，倾斜摄影飞行参数也有差异，使得对图像维度的计算比较烦琐。为了简化计算和定量描述，可以采取以单张垂直摄影照片的覆盖面积乘以照片数量的方法，计算出对特定区域的影像覆盖率数值，并用此数值代替图像维度数值，来衡量倾斜摄影飞行成果的质量。这个影像覆盖率数值就称为影像覆盖率，或简称覆盖率，计算公式如下：

$$影像覆盖率 = \frac{单张垂直摄影照片的覆盖面积 \times 照片数量}{摄影区域总面积} \times 100\%$$

　　倾斜摄影有关参数计算示例见表6-1。表中列出了使用相同型号相机在不同摄影方式、不同影像分辨率等条件下计算出的影像覆盖率及相关参数。

表6-1　倾斜摄影有关参数计算示例

传感器参数				摄影区域范围		
相机类型	微单相机，APS-C 幅面			摄区长度（km）	摄区宽度（km）	摄区面积（km²）
像元数	长/宽	6 000	4 000	10.0	10.0	100.0
传感器尺寸 mm	长/宽	23.5	15.5			
镜头焦距 mm	mm	20.0				
单张照片数据量	MB	10.0				

倾斜摄影参数计算							
摄影系统类型	单位	单相机垂直航空摄影	五镜头固定式倾斜摄影系统	双镜头摆动式倾斜摄影系统	单相机垂直航空摄影	五镜头固定式倾斜摄影系统	双镜头摆动式倾斜摄影系统
影像覆盖范围示例	—						
影像地面分辨率	cm/px	2	2	2	5	5	5
单张照片旁向覆盖宽度	m	120	120	120	300	300	300
单张照片航向覆盖宽度	m	80	80	80	200	200	200
飞行高度	m	102	102	102	255	255	255
航向重叠度	%	70	80	80	70	80	80
旁向重叠度	%	35	60	60	35	60	60
航向曝光点间距	m	24	16	16	60	40	40
旁向曝光点间距	m	78	48	48	195	120	120
每条航线曝光点数	个	417	626	626	167	251	251
航线条数	条	129	209	209	52	84	84
航线总长度	km	1 290	2 090	2 090	520	840	840
总曝光点数	点	53 793	130 834	130 834	8 684	21 084	21 084
每曝光点照片数	张/点	1	5	6	1	5	6
照片总数	张	57 793	654 170	785 004	8 684	105 420	126 504
每平方千米照片数量	张/km²	538	6 542	7 850	87	1 054	1 265
数据量	GB	538	6 542	7 850	87	1 054	1 265
摄像覆盖率	%	516	6 280	7 536	521	6 325	7 590

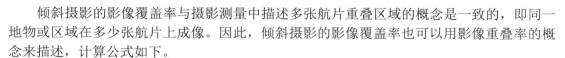

倾斜摄影的影像覆盖率与摄影测量中描述多张航片重叠区域的概念是一致的，即同一地物或区域在多少张航片上成像。因此，倾斜摄影的影像覆盖率也可以用影像重叠率的概念来描述，计算公式如下。

$$影像重叠率 = \frac{单张垂直摄影照片的覆盖面积 \times 照片数量}{摄影区域总面积} \times 100\%$$

从表 6-1 中可以看出，无论是使用五镜头固定式倾斜摄影系统，还是双镜头三相位摆动式倾斜摄影系统，为了保证倾斜摄影三维模型的效果，其影像覆盖率通常比垂直航空摄影的影像覆盖率要高出 10 倍以上。从倾斜摄影三维模型的实际效果来看，当倾斜影像覆盖率达到 6 000% 以上时，这个摄影区域的照片数量就达到了倾斜摄影三维建模对照片数量的要求。同时，倾斜相机的倾斜角度应大于 25°。

提高影像覆盖率主要是通过加大倾斜摄影的航向或旁向重叠度来实现的，也可以采用交叉航线飞行、多次飞行等方法达到获取同一区域更多倾斜照片的目的。

6.13　扁平竖立物体导致的模型缺陷与修复

扁平竖立物体是指物体宽度仅数倍于影像地面分辨率的围墙、广告牌、标志牌、房屋山墙、实体栅栏等呈扁平状竖立的物体。扁平竖立物体的三维模型一般会出现结构失真或缺失、纹理缺失或失真的缺陷，这种缺陷主要影响的是三维模型的视觉效果，而对扁平竖立物体尺寸（长度、宽度、高度）的量测影响不大。因扁平竖立物体导致的模型缺陷称为扁平物体缺陷。

扁平竖立物体（道路隔音板）导致的三维模型缺陷示意图如图 6-33 所示。图 6-33（a）是道路隔音板原始影像，图 6-33（b）是道路隔音板三维模型，图 6-33（c）是道路隔音板三角网模型。从图 6-33（b）中可以看出，右边部分的道路隔音板是透明材质的，因此透明部分的结构有缺失，框架结构恢复得比较完整；而左边部分的隔音板为不透明的板材，因隔音板的厚度有限，隔音板的三维模型中间出现了不规则的空洞，影响其视觉效果；从图 6-33（c）中可以明显看出隔音板三维模型的结构缺失部分。

扁平竖立物体（屋顶广告牌）导致的三维模型缺陷示意图如图 6-34 所示。图 6-34（a）是屋顶广告牌原始影像，图 6-34（b）是屋顶广告牌三维模型，图 6-34（c）是屋顶广告牌三角网模型。同样，屋顶广告牌也是扁平竖立物体，其三维模型也存在不规则的空洞，影响视觉效果。

（a）道路隔音板原始影像

（b）道路隔音板三维模型

图 6-33　扁平竖立物体（道路隔音板）导致的三维模型缺陷示意图

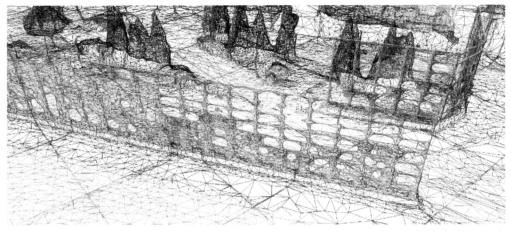

（c）道路隔音板三角网模型

图 6-33　扁平竖立物体（道路隔音板）导致的三维模型缺陷示意图（续）

（a）屋顶广告牌原始影像

（b）屋顶广告牌三维模型

（c）屋顶广告牌三角网模型

图 6-34　扁平竖立物体（屋顶广告牌）导致的三维模型缺陷示意图

扁平竖立物体（交通标志牌）导致的模型结构缺失示意图如图 6-35 所示。图 6-35（a）是交通标志牌原始影像，图 6-35（b）是交通标志牌三维模型。

（a）交通标志牌原始影像

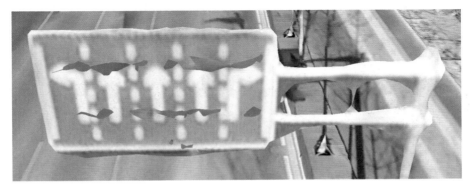

（b）交通标志牌三维模型

图 6-35　扁平竖立物体（交通标志牌）导致的模型结构缺失示意图

扁平竖立物体导致的模型结构缺失一般难以预测和避免，只能在后期采用人工建模并替换的方式予以修复。但多数情况下，扁平竖立物体不是重要的地物，因此可以根据具体情况，对有明显缺陷且严重影响三维模型视觉效果的物体进行选择性的修复。

6.14　物体移动导致的模型缺陷与修复

物体移动会在不同时间、不同角度的倾斜影像上呈现不同的影像，而这种现象在高影像重叠率的倾斜影像三维建模计算中会带来一定的不确定性，其结果就是导致三维模型表面结构和纹理失真，如车辆较多的街道或公路、红绿灯路口、人群密集区域等。因物体移动导致的三维模型缺陷称为物体移动缺陷。

与固定物体不同，在进行倾斜摄影时，由于倾斜照片的曝光时间和角度都不相同，移动物体会在不同照片上的不同相对位置上成像，而三维建模软件主要依据不同照片间的同名影像进行匹配计算，并按照多张照片的匹配结果进行三维重建。因此，对移动物体本身和其移动过程中被遮盖和复见区域的建模结果具有缺失、变形、失真等结构和纹理的问题。物体移动导致的三维模型缺陷示意图如图 6-36 所示，从图中可以看出物体移动后导致的三维模型的缺陷。

（a）移动车辆三维模型 1　　　　　　　　　　（b）移动车辆三维模型 2

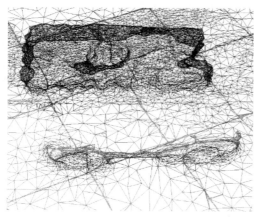 

（c）移动车辆三维模型 3　　　　　　　　　　（d）移动车辆三角网模型

图 6-36　物体移动导致的三维模型缺陷示意图

　　物体移动缺陷是无法预测和避免的，只能在后期采用人工建模的方式对三维模型进行修复，如道路压平、车辆剔除等，也可以根据具体情况进行选择性的修复。

　　此外，可以根据对特定地点的交通流量、人流量等物体移动规律的预测，尽量选择车流量和人流量较少的时间段进行倾斜摄影，以此减小其对三维建模的影响。

6.15　严密遮盖导致的模型缺陷与对策

　　严密遮盖主要指密集树木或植被对其下方建筑物和地表的遮盖，这种遮盖既影响被遮盖的建筑物与地表三维模型的构建和纹理，也导致树木或植被自身三维模型的效果不尽如人意，这种缺陷称为严密遮盖缺陷。

　　前面说过，倾斜摄影三维模型属于"可见才可得"，而密集树木或植被的下方及被其遮挡的建筑物和地表，也包括室内、隧洞等，属于"不可见"的区域，因此其三维模型也就"不可得"。

如果必须完整准确地建立这些区域的三维模型，就需要获取更多位置和角度的影像，经过联合计算、单独计算后，通过合并模型、手工修复与建模等方法进行修复。也可以采取其他方法进行影像采集和三维建模，如移动测量、地面激光扫描等，并与采用倾斜摄影方法建立的三维模型进行融合。

6.16　气象因素导致的模型缺陷与对策

气象因素导致三维模型缺陷主要有两个方面的原因，一是倾斜摄影时的气象状况（晴天、阴天、风力、风向）对模型质量的影响，二是因雨雪导致的地面积水积雪和地表干湿程度差异对模型质量的影响。

因气象因素导致的三维模型缺陷称为气象缺陷。气象缺陷属于"后天不良"，采取一定的措施是可以避免或减少的。

适合倾斜摄影的气象条件是薄云晴天、无风、地表干燥、无积雪、无雾霾，曝光条件是高速快门、小光圈、低感光度（ISO）。"薄云晴天"保证了足够的亮度和照度，使得相机可以用更快的快门速度、更小的光圈、更低的感光度（ISO）进行曝光，影像色彩还原较好，同时也可以减小阴影及其变化的影响；"无风"使得树叶、植被表面、水面等处于静止状态，保证成像的清晰度；"地表干燥"则可避免地表因干湿度随时间变化而出现的影像差异；"无积雪"是获取真实地表影像以保证三维建模质量的基本要求；"无雾霾"是保证影像清晰度的重要条件。

但在实际作业过程中，受项目周期、摄影时间安排、设备数量、飞行效率等因素限制，往往无法保证在无风并"薄云晴天"的同时开展全区域的倾斜摄影。因此，对较大面积的作业区域而言，必然会存在摄影时间、摄影条件等差异，也必然会导致气象缺陷，很难完全避免。气象因素虽然看似有自然属性，但其实是人为选择的结果。

倾斜摄影的气象条件选择顺序和标准如下。

（1）云量：薄云晴天（优）＞无云晴天或少云晴天（良）＞多云晴天（可）。天气条件选择顺序示意图如图 6-37 所示。

图 6-37　天气条件选择顺序示意图

（2）风力等级：无风（优）＞微风（良，风力不大于 3 级）＞和风（可，植被稀少区域，风力不大于 4 级）。风力等级和风速对照见表 6-2。

（3）地表干燥程度：地表干燥（优）＞地表基本干燥（可）。

（4）积雪程度：无积雪（优）。

（5）雾霾程度（空气质量指数）：无雾和一级优（优）＞无雾和二级良、三级轻度污染（良）。

表 6-2　风力等级和风速对照

风级	名称	风速		图示	陆地地面物体象征
		km/h	m/s		
0	无风	<1	0～0.2		静，烟直上。风筒垂直角≤10°
1	软风	1～5	0.3～1.5		烟能表示方向，但风向标不动。风筒垂直角≤15°
2	轻风	6～11	1.6～3.3		人面感觉有风，风向标转动。风筒垂直角≤30°
3	微风	12～19	3.4～5.4		树叶及微枝摇动不息，旌旗展开。风筒垂直角≤45°
4	和风	20～28	5.5～7.9		能吹起地面灰尘和纸张，树的小枝摇动。风筒垂直角≤60

6.17　时间因素导致的模型缺陷与对策

时间因素是指因太阳位置（太阳方位角和太阳高度角）随时间变化导致倾斜影像的差异，从而给三维模型带来影响和缺陷。由时间因素导致的三维模型缺陷称为时间缺陷。

太阳方位角即太阳所在的方位，指太阳光线在地平面上的投影与当地经线的夹角，可近似地看作竖立在地面上的直线在阳光下的阴影与正南方的夹角。太阳方位角以目标物正北方向为零，沿顺时针方向逐渐变大，其取值范围是 0°～360°。对北半球而言，当太阳赤纬大于 0°的时候，太阳从东偏北方向升起，此时太阳方位角小于 90°，中午 180°，落日时太阳方位角大于 270°；当太阳赤纬小于 0°的时候，太阳从东偏南方向升起，此时太阳方位角大于 90°，中午 180°，落日时太阳方位角小于 270°。太阳方位角也可以简称为方位角。

太阳高度角是指太阳光的入射方向和地平面之间的夹角，即某地太阳光线与通过该地与地心相连的地表切面的夹角。太阳高度角也可以简称为高度角。

太阳方位角 γ 和太阳高度角 α 都是随时间变化的，如图 6-38 所示。其对三维模型主要产生两个方面的影响，一是同一天内因摄影时间不同造成的阴影范围变化对三维建模计算和三维模型效果的影响，二是同一区域内因摄影日期不同造成的地表影像的差异对三维模型效果的影响。另外，太阳方位角和太阳高度角的变化也会带来地表光照度的变化，同样给照片带来成像效果（亮度、色彩、反差）的差异。

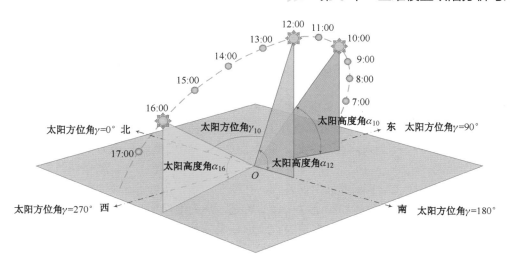

图 6-38　太阳方位角和太阳高度角示意图

时间缺陷兼有"先天不足""后天不良"两种属性，采取一定的措施虽然可以减小其影响，但无法完全避免。改善时间缺陷的主要对策就是"减小相邻照片间成像条件的差异"，其效果是"保证相邻照片影像的一致性"，具体措施有以下几个方面。

（1）选择和等待"薄云晴天"，避免地物阴影的出现，减小阴影区与直接照射区的反差。从这一点来说，"晴天"并不一定是倾斜摄影的最好天气。

（2）尽量缩短同一架次内相邻航线间的飞行时间间隔，这就要求倾斜摄影的航线长度不宜过长，且要按航线的顺序逐条飞行，不要跨航线飞行。

（3）尽量缩短同一天内、同一摄影分区内、相邻架次、相邻航线间的飞行时间间隔，这就要求倾斜摄影飞行作业具有连续性，中间不要间断。倾斜摄影飞行作业一般可以从当地时间上午 10 点开始，一直到下午 4 点结束，中间应连续安排飞行。

（4）尽量选择相同的时间点对不同日期、相邻摄区、相邻架次的区域进行飞行，以减小因太阳方位角变化所带来的阴影区域成像的差异。

（5）尽量缩短同一任务区的作业周期，根据作业效率和天气因素等，合理安排多机组同时进场作业，并协调好不同机组间的具体飞行计划安排。

6.18　季节因素导致的模型缺陷与对策

与时间因素一样，季节变换也会导致三维模型出现缺陷，并兼有"先天不足""后天不良"两种属性，采取一定的措施虽然可以减小其影响，但无法完全避免。季节因素在我国北方地区的影响比较明显，而对南方地区的影响相对较小。

首先，季节变换会带来植物生长环境和植物形态的变化。春天万物复苏、花红柳绿、山峦叠翠、姹紫嫣红、春风拂面，夏天郁郁葱葱、绿树成荫、烈日炎炎，秋天云淡天高、果实累累、落叶纷纷，冬天万物萧条、北风呼啸、冰雪封山，这种周而复始的季节更替影响着植物生长周期和呈现形态，也导致了地表景观的不断变化。在北方，多数植物会在秋冬季节落叶枯黄，导致林木凋零、农田裸露、草场干枯，如果在此期间进行倾斜摄影三维建模，影像的色调虽然灰暗，但植物遮挡最少，其三维模型能够更全面地呈现建筑物形状和真实地表状态，可以提高对建筑物和地表的测量精度和效率。而在春夏季节进行倾斜摄影三维建模，则可以比较全面地反映一个区域真实的地表形态，无论是植被形态还是景观色彩，也更加符合人们的期望。

其次，季节变换会带来太阳高度角的变化。太阳高度角随季节变化影响的是阴影长度、照度、有效作业时间等。夏天太阳高度角高、物体阴影短、照度高、日照时间长，有利于倾斜摄影飞行作业；冬天太阳高度角低、物体阴影长、照度低、日照时间短，不利于倾斜摄影飞行作业。

再次，季节变换会影响落叶乔木的建模。在秋冬季节，落叶乔木的树叶脱落后，其树干和枝条的结构就符合镂空物体和细小结构体的特征，其三维模型必然存在镂空物体缺陷和细小结构体缺陷，多数表现出树木模型缺失、纹理缺失的现象。同时，也会影响其周边三维模型的结构和纹理。季节因素导致的冬季树木模型缺失示意图如图 6-39 所示，图 6-39（a）是北方冬季树木的原始照片，北方地区，1 月份，冬季，树木无叶；图 6-39（b）是北方冬季树木的三维模型，纹理尚在，但树木整体模型缺失，仅恢复出部分树干；图 6-39（c）是北方冬季树木的三角网模型，可以更加明显地看出树木模型的缺失情况。

最后，季节的选择影响三维模型的视觉效果。夏秋季节，植被茂盛、日照充足、色彩丰富，三维模型的视觉效果最好；冬春季节，特别是在我国北方地区，树木凋零、植被枯黄、土地裸露、色彩单调，三维模型的视觉效果较差。

改善季节缺陷的主要对策就是"选择最适当的季节进行倾斜摄影"。至于什么是"最适当的季节"，则是根据用途、时间要求等具体因素来确定的。当然，也可以在不同的季节进行倾斜摄影三维建模，并建立不同季节和时间节点的三维模型。

（a）北方冬季树木的原始照片

图 6-39　季节因素导致的冬季树木模型缺失示意图

（b）北方冬季树木的三维模型

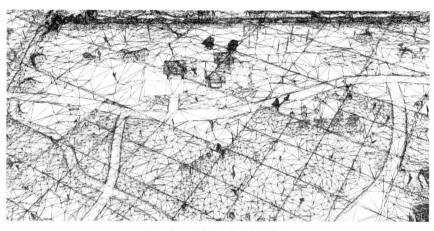

（c）北方冬季树木的三角网模型

图 6-39　季节因素导致的冬季树木模型缺失示意图（续）

6.19　分块建模导致的模型缺陷与对策

　　在进行较大面积的三维建模计算时，多数三维建模软件会采取分块建模后再拼合模型的方法，分块的大小可以根据情况设置。

　　分块建模后，每块模型内部的三角网是连续的，而块与块之间则是分离的，且有一定的重叠。分块建模导致的模型分块示意图如图 6-40 所示。从三角网模型中可以非常明显地看出分块的范围和块与块的接边。

　　分块模型接边处三角网示意图如图 6-41 所示，图中深色区域为相邻分块接边处重叠的区域。

　　虽然多数三维建模软件都采取分块建模后再拼合模型的建模计算方法，且较好地控制了块与块之间的模型拼接误差，一般不会影响三维模型的整体视觉效果，但这种模型的分块结构对后续需要依据三角网模型进行三角面片特征识别和提取、进行面积和体积量算等计算工作，会带来一定的复杂性和不确定性。因此，将这种因分块建模方法导致的模型分块现象，也定性为一种模型缺陷，称为分块建模缺陷。

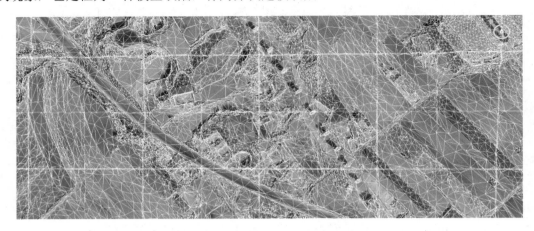

图 6-40　分块建模导致的模型分块示意图

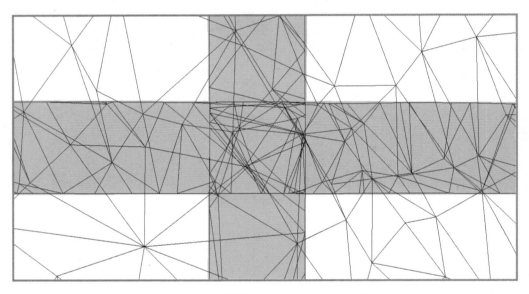

图 6-41　分块模型接边处三角网示意图

　　分块建模缺陷使得三维模型块与块之间是割裂的，且不严格接边。当需要依据大范围的三角网模型进行数学计算时，这种割裂和重叠会带来不确定性和计算误差，这一点需要特别注意。同时，分块建模缺陷也会给重新进行三维模型的编辑、优化、重构、分级等操作带来一定的困难。

　　不同的三维建模软件，其分块建模的方法会有一些差异。我们可以采取适当减少分块数量的方法来减小分块建模缺陷对三维模型后续应用的影响。同时，还应研究如何在已有分块模型的基础上重构一个完整模型的方法。

6.20　模型缺陷产生的主要原因

　　虽然产生倾斜摄影三维模型缺陷的原因有多种情况，但究其根本原因是由倾斜摄影三维建模计算的原理所决定的。

　　其一，目前倾斜摄影三维建模计算主要是依据对目标区域的多视角二维影像（照片）的相关匹配来恢复三维场景的，当同一地物或地貌在不同二维影像（照片）中纹理的相似度较高或有较大变化时，影像本身的纹理特征会显著地影响匹配的结果。而随着深度学习和人工智能技术的进步，通过"影像匹配→地物识别→优化匹配→优化构网"的方法，可以提高三维建模的可靠性，从而避免或减少上述缺陷。

　　其二，倾斜摄影三维建模的依据是多视角多重叠度的二维影像，即"所见即所得"（What You See Is What You Get，缩写为 WYSIWYG）。但无论是空中还是地面的倾斜摄影，一般都会存在各种遮挡和隐蔽区域，再加上每种影像获取手段都需要考虑时间周期和生产成本，导致获取的被摄目标区域的影像不全或重叠度不够，也就无法准确地恢复被摄区域的三维模型。

　　因此，无论是三维模型的使用方还是三维模型的生产方，都应该对倾斜摄影三维模型存在的缺陷有清楚的认识，并根据使用目的、经费水平、生产周期、采集工具等多种因素制定倾斜摄影三维建模的技术方案。

第 7 章 常用坐标系统和三维模型绝对定向

绝对定向是测绘学科中摄影测量专业的一个术语，是指根据定向控制点确定立体模型在实际空间坐标系中的正确位置，通过旋转、平移、缩放，把模型点的摄影测量坐标转化为物方空间坐标的过程。绝对定向是一种空间相似变换，包括确定模型的比例尺、模型置平等步骤。

与摄影测量的绝对定向的概念相似，三维模型的绝对定向是指在倾斜摄影三维建模的过程中或之后，通过加入指定坐标系统的若干定向控制点，将三维模型归算到指定坐标系统的过程和结果，即按照指定的坐标系统、高程基准和地图投影等对三维模型进行绝对定向。

在无人机倾斜摄影三维建模过程中，需要掌握有关坐标系统、高程基准和地图投影等方面的知识。

7.1 大地坐标系

大地坐标系是建立在一定的大地基准上的、用于表达地球表面空间位置及其相对关系的坐标系。地面点的位置用大地经度、大地纬度和大地高度表示。大地坐标系的确立包括选择椭球、对椭球进行定位和确定大地起算数据。

7.1.1 地球椭球的定义

地球可以看作不规则的类球体，有高山、丘陵、平原、河流、湖泊、海洋等地貌形态。而对于摄影测量而言，地表是一个无法用数学公式表达的曲面。同样，由于地球内部质量分布的不均匀，引起铅垂线的方向产生不规则的变化，导致与平均海水面吻合并穿过岛屿向大陆内部延伸而形成的闭合曲面（称之为大地水准面）也成为一个复杂的曲面，依然无法用数学公式表达。

因此，为了测量和制图的需要，科学家设计了一个近似于大地水准面、绕大地球体短轴旋转所形成的规则椭球来替代地球的自然表面。这个形状、大小都已确定的椭球体就称为地球参考椭球或参考椭球。地球参考椭球的表面是一个规则的数学表面，可以用数学公式表达，称为参考椭球面。

大地坐标系的定义包括坐标系的原点、3 个坐标轴的指向、尺度以及地球参考椭球基本常数的定义。按照坐标原点相对于地球质心的位置，大地坐标系分为参心坐标系和地心坐标系。

地球表面、大地水准面及参考椭球面的关系如图 7-1 所示。

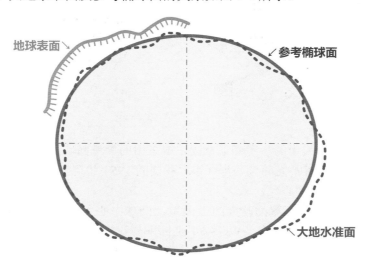

图 7-1 地球表面、大地水准面及参考椭球面的关系

7.1.2 常用坐标系统简述

目前，我国常用的大地坐标系主要有：1954 北京坐标系、1980 西安坐标系、2000 国家大地坐标系、WGS-84 坐标系、独立坐标系等，如表 7-1 所示。

自 2008 年 7 月 1 日起，全国正式使用的大地坐标系是 2000 国家大地坐标系（CGCS 2000）。

表 7-1 我国目前常用的坐标系统

坐标系统	坐标系类型	椭球	长半轴 a（m）	扁率 α
1954 北京坐标系	参心坐标系	克拉索夫斯基	6 378 245	1/298.3
1980 西安坐标系	参心坐标系	IAG-75	6 378 140	1/298.257
WGS-84 世界坐标系	地心坐标系	WGS-84	6 378 137	1/298.257 223 563
2000 国家大地坐标系	地心坐标系	CGCS2000	6 378 137	1/298.257 222 101
2000 独立坐标系	地心坐标系	CGCS2000	6 378 137	1/298.257 222 101

参心坐标系是以参考椭球为基准的坐标系，对于特定区域而言，可以选择与本区域大地水准面结合最为紧密的地球椭球作为定位基准。"参心"是指参考椭球的中心。由于参考椭球的中心一般和地球质心不一致，因此参心坐标系又称非地心坐标系、局部坐标系或相对坐标系。参心坐标系的定义为：原点位于参考椭球的几何中心 O，Z 轴与参考椭球的旋转轴重合，X 轴指向起始大地子午面和参考椭球赤道的交点，Y 轴与 X 轴、Z 轴构成右手直角坐标系，如图 7-2 所示。

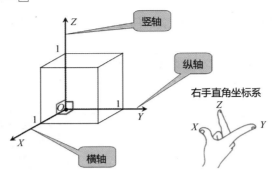

图 7-2　右手直角坐标系

由于参心坐标系所采用的参考椭球不同，或采用的参考椭球虽然相同，但参考椭球的定位与定向不同，因而有不同的参心坐标系。我国的 1954 北京坐标系、1980 西安坐标系、新 1954 北京坐标系均是参心坐标系。

地心坐标系是以地球椭球为基准的坐标系，椭球中心为地球质量中心，该椭球体会在全球范围内与大地体最为密合。WGS-84 坐标系与我国的 2000 国家大地坐标系均是地心坐标系。

7.1.3　1954 北京坐标系

新中国成立初期，为了迅速发展测绘事业，鉴于当时的实际情况，将一等三角锁与苏联远东的一等锁相连接，以苏联 1942 年普尔科沃大地坐标系的坐标为起算数据，采用克拉索夫斯基椭球，局部平差我国东北及东部区一等三角锁，随后扩展、加密而遍及全国。高程异常以苏联 1955 年大地水准面重新平差结果为起算数据，按我国天文水准路线推算而得；高程基准为 1956 年青岛验潮站求出的黄海平均海水面，这样传算过来的坐标系定名为 1954 北京坐标系。

1954 北京坐标系是参心坐标系，可以认为是普尔科沃大地坐标系的延伸。它的大地原点不在北京，而是普尔科沃（Pulkovo）。受当时的技术条件所限，1954 北京坐标系存在以下不足。

（1）所采用的克拉索夫斯基椭球参数误差较大，与现代相比长半轴长了约 100m，扁率的倒数相差了约 5×10^{-2}。

（2）现代地球椭球应具有 4 个参数，既有几何参数又有物理参数。克拉索夫斯基椭球仅有两个几何参数：长半轴 $\alpha = 6\,378\,245$m，扁率 $\alpha = 1/298.3$，不能满足现代大地测量的需要。

（3）椭球定位所确定的椭球面与我国似大地水准面符合较差，由西向东存在着明显的系统倾斜，其数值最大达 60m。

（4）椭球短半轴指向不明确，与现在通用的地极不一致。

（5）坐标精度差。该坐标系的大地点坐标，是通过不同区域的局部平差逐次得到的，在不同区域的结合部，同一点的坐标差相差达 1～2m；不同区域的尺度差异也很大，坐标传递的累积误差也很明显。

1954 年北京坐标系地球椭球基本参数如下。

- 长半轴　$\alpha = 6\,378\,245$m。

- 短半轴　$b = 6\,356\,863.018\,8\,\text{m}$ 。
- 扁率　$\alpha = 1 / 298.3$ 。
- 第一偏心率平方　$e^2 = 0.006\,693\,421\,622\,966$ 。
- 第二偏心率平方　$e'^2 = 0.006\,738\,525\,414$ 。

7.1.4　1980 西安坐标系

为了消除天文大地网在 1954 北京坐标系下分区平差和逐级控制产生的不合理影响，提高大地网的精度，建立我国的国家大地坐标系，使我国的大地网能更好地适应经济建设、国防建设、空间技术和地球科学研究的需要，当时的国家测绘局（现更名为国家测绘地理信息局）于 1978 年 4 月在西安召开全国天文大地网平差会议，确定建立我国新的国家坐标系，并在 1976—1982 年组织完成了全国天文大地网整体平差工作，为此有了 1980 国家大地坐标系。

整体平差采用全面网平差方案，在 1980 国家大地坐标系的椭球面上进行。以大地原点的坐标为起算值，一二等基线网扩大边、起始边的长度和一等拉普拉斯方位角为固定值，各等级观测方向值和导线边长元素，按附有条件方程的不等权间接观测平差法平差。用于全国天文大地网整体平差的观测数据共计有三角、导线点 48 433 点，观测方向组 58 699 组，导线边长 1 404 条，拉普拉斯方位角 458 个、长度起始边 467 条。

1980 西安坐标系是完成全国天文大地网整体平差后建立的。根据椭球定位的基本原理，在建立 1980 西安坐标系时有以下先决条件。

（1）大地原点在我国中部地区，具体地点是陕西省泾阳县永乐镇。

（2）1980 西安坐标系是参心坐标系，椭球短轴 Z 轴平行于地球的自转轴（由地球质心指向 1 968.0JYD 地极原点方向）、起始子午面平行于格林尼治平均天文台子午面；X 轴在大地起始子午面内与 Z 轴垂直指向经度 0 方向；Y 轴与 Z 轴、X 轴成右手坐标系。

（3）椭球参数采用 1975 年国际大地测量和地球物理学联合会（IUGG）第 16 届大会推荐的参数，两个最常用的椭球几何参数：长轴为（$6\,378\,140 \pm 5$）m，扁率为 1/298.257。

（4）多点定位：椭球定位是按我国范围内高程异常值平方和最小的原则求解参数。

（5）高程基准为 1956 年青岛验潮站求出的黄海平均海水面。基准面采用青岛大港验潮站 1952—1979 年确定的黄海平均海水面（1985 国家高程基准）。

（6）1980 国家大地坐标系的大地原点设在我国中部地区的陕西省泾阳县永乐镇，位于西安市西北方向约 60km，故称 1980 西安坐标系，其原点称为西安大地原点。

1980 西安坐标系参考椭球基本参数如下。

- 长半轴　$a = 6\,378\,140\,\text{m}$ 。
- 地球引力常数（含大气层）　$\text{GM} = 3\,986\,005 \times 10^8\,\text{m}^3\text{s}^{-2}$ 。
- 引力位二阶带谐系数　$J_2 = 1\,082.63 \times 10^{-6}$ 。
- 地球自转角速度　$\omega = 7\,292\,115 \times 10^{-11}\,\text{rads}^{-1}$ 。

1980 西安坐标系参考椭球主要几何和物理常数如下。

- 扁率　$\alpha = 1 / 298.257$ 。
- 第一偏心率平方　$e^2 = 0.006\,694\,384\,999\,59$ 。
- 第一偏心率平方　$e'^2 = 0.006\,739\,501\,819\,47$ 。

- 椭球正常重力位 $U_0 = 62\,636\,830$ m^{2}s^{-2}。
- 赤道正常重力 $\gamma_0 = 9.780\,32$ ms^{-2}。

同 1954 北京坐标系相比，1980 西安坐标系具有以下几个方面的特点。

（1）由于采用严密平差，大地原点的精度提高，最大点位的误差在 1m 以内，边长相对误差约为 1/20 万。

（2）在全国范围内，参考椭球面和大地水准面符合很好，高程异常为零的两条等值线穿过我国东部和西部，大部分地区高程异常值在 20m 以内，对距离的影响小于 1/30 万。

（3）平差后提供的大地点属于 1980 西安坐标系，它和 1954 北京坐标系的大地原点是不同的。这个差异是因为 1954 北京坐标系与 1980 西安坐标系采用不同参考椭球，以及 1980 西安坐标系经过了整体平差，1954 北京坐标系只做了局部平差。

（4）不同坐标系统的控制点坐标可以通过一定的数学模型，在一定的精度范围内进行互相转换。

7.1.5　新 1954 北京坐标系

在建立 1980 西安坐标系后，考虑到当时用图量、存图量最多的是 1954 北京坐标系下的中小比例尺纸质地形图，作为过渡，国家有关部门将基于 1975 国际椭球的 1980 西安坐标系平差成果整体转换为基于克拉索夫斯基椭球的坐标值，并将 1980 西安坐标系的坐标原点进行空间平移，建立了新 1954 北京坐标系。

新 1954 北京坐标系与原来的 1954 北京坐标系不同，只是椭球的参数和克拉索夫斯基椭球一样，而定位与定向的依据又完全与 1980 西安坐标系一样。即新 1954 北京坐标系与 1980 西安坐标系是同一点的坐标，仅仅是两系统定义不同产生的系统差；而新 1954 北京坐标系和原来的 1954 北京坐标系在同一点坐标不同的原因一个是全国统一平差的结果，另一个是局部平差的结果。

新 1954 北京坐标系不但体现了整体平差成果的优越性，它的精度和 1980 西安坐标系坐标精度一样，克服了原来的 1954 北京坐标系是局部平差的缺点；又由于恢复至原来的 1954 北京坐标系的椭球参数，从而使其坐标值和原来的 1954 北京坐标系局部平差坐标值相差较小。

新 1954 北京坐标系提供的新地形图既达到了使用精度好的整体平差成果作为控制基础，又不必做特殊处理就能和旧地形图互相拼接，特别是在当时用图量、存图量最多的是原来的 1954 北京坐标系下的中小比例尺纸质地形图。采用新 1954 北京坐标系作为制图坐标系，对于地图更新、测绘快速保障和方便用图等方面，具有明显的优点和经济效益。

原来的 1954 北京坐标系采用的是局部平差，新 1954 北京坐标系采用的是 1980 西安坐标系整体平差结果的转换值。因此，新 1954 年北京坐标系与原来的 1954 北京坐标系之间并无全国范围内统一的转换参数，只能进行局部转换。

7.1.6　2000 国家大地坐标系

根据当时的国家测绘局（现更名为国家测绘地理信息局）2008 年 6 月 18 日发布的公告，我国自 2008 年 7 月 1 日起启用 2000 国家大地坐标系。2000 国家大地坐标系与 1980 西安坐标系等系统转换、衔接的过渡期为 8 年至 10 年。2008 年 7 月 1 日后新生产的各类测绘成果应采用 2000 国家大地坐标系，2008 年 7 月 1 日后新建设的地理信息系统应采用 2000 国家大地坐标系。

2000 国家大地坐标系是通过我国的 GPS 连续运行基准站、空间大地控制网，以及天文大地网与空间地网联合平差建立的地心大地坐标系统。2000 国家大地坐标系以 ITRF97 参考框架为基准，参考框架历元为 2000.0。

CGCS2000 坐标系的大地测量基本常数采用无潮汐系统，是全球地心坐标系在我国的具体体现，其原点为包括海洋和大气的整个地球的质量中心，其地球椭球的具体数值如下。

- 长半轴　$a = 6\ 378\ 137\ \text{m}$。
- 扁率　$\alpha = 1 / 298.257\ 222\ 101$。
- 地球引力常数　$GM = 3.986\ 004\ 418 \times 10^{14}\ \text{m}^3\text{s}^{-2}$。
- 地球自转角速度　$\omega = 7\ 292\ 115 \times 10^{-11}\ \text{rads}^{-1}$。

7.1.7　WGS-84 坐标系

WGS-84 坐标系的坐标原点为地球质心，其地心空间直角坐标系的 Z 轴指向 BIH（国际时间服务机构）1984.0 定义的协议地球极（CTP）方向，X 轴指向 BIH 1984.0 的零子午面和 CTP 赤道的交点，Y 轴与 Z 轴、X 轴垂直构成右手坐标系。

WGS-84 坐标系采用的椭球是国际大地测量与地球物理联合会第 17 届大会大地测量常数推荐值，其基本参数如下。

- 长半轴　$a = 6\ 378\ 137 \pm 2\ \text{m}$。
- 地球引力和地球质量的乘积　$GM = 3\ 986\ 004 \times 10^8\ \text{m}^3\text{s}^{-2} \pm 0.6 \times 10^8\ \text{m}^3\text{s}^{-2}$。
- 正常化二阶带谐系数　$C20 = -484.166\ 85 \times 10^{-6} \pm 1.3 \times 10^{-9}$。
- 地球重力场二阶带谐系数　$J_2 = 108\ 263 \times 10^{-8}$。
- 地球自转角速度　$\omega = 7\ 292\ 115 \times 10^{-11}\ \text{rads}^{-1} \pm 0.150 \times 10^{-11}\ \text{rads}^{-1}$。
- 扁率　$\alpha = 1 / 298.257\ 223\ 563$。

7.1.8　独立坐标系

据不完全统计，全国约有千余套地方坐标系或独立坐标系（以下统称为独立坐标系），有的城市存在多套独立坐标系，大多数独立坐标系都是以国家参心坐标系（1954 北京坐标系和 1980 西安坐标系）为基础建立的。随着国家经济建设的发展，独立坐标系测绘成果转换到国家坐标系的需求不断增多。

2000 国家大地坐标系的启用，为我国建立高精度坐标系统提供了平台，同时规定将逐渐淘汰落后的参心坐标系统。独立坐标系与 2000 国家大地坐标系的转换属于两者建立联系的方式之一。2000 国家大地坐标系启用为我国建设高精度独立坐标系统提供平台和契机。基于 2000 国家大地坐标系建立的独立坐标系，有利于 GPS 快速地、精确地获取高精度城市坐标和高程数据成果，有利于城市地理信息系统与 GPS 的有效结合，进一步提升了城市的综合服务能力。

由于独立坐标系是根据城市建设或工程需要而建立的，没有具体规范，存在着复杂性和多样性，向国家坐标系转换没有一个简单且固定的公式，应根据具体情况，选定相应的转换方法。

而基于 2000 国家大地坐标系建立的独立坐标系统（称为 2000 独立坐标系），因其是利用 2000 国家大地坐标系椭球参数建立的高精度独立坐标系统，建立方法与常用独立坐标系建立方法基本相同。因此，2000 独立坐标系与 2000 国家大地坐标系可以通过严密的数学公式相互变换，保证精度无损失。

7.2 高程系统

高程系统是指相对于不同性质的起算面（大地水准面、似大地水准面、椭球面等）所定义的高程体系。高程系统采用不同的基准面表示地面点的高低，或者对水准测量数据采取不同的处理方法而产生不同的系统，分为正高、正常高、大地高程和力高等系统。高程基准面基本上有两种：一是大地水准面，它是正高和力高的基准面；二是椭球面，它是大地高程的基准面。此外，为了克服正高不能精确计算的困难还采用正常高。正常高以似大地水准面为基准面，似大地水准面非常接近大地水准面。

正高、正常高、大地高程和力高等系统和地球位数都需要知道水准点上的重力值，因此，沿精密水准测量路线要以适当方式实施重力测量，供水准测量数据处理使用。

7.2.1 正高系统

正高系统以大地水准面为基准面，地面上任一点的正高是指该点沿垂线方向至大地水准面的距离。要推算这种平均重力值，必须知道地面和大地水准面之间岩层的密度分布，这是不能用简单方法来求得的。所以过去都是采用近似的数据，只能求得正高的近似值。

7.2.2 正常高系统

1945 年苏联的 M.C.莫洛坚斯基提出了"正常高"的概念，即将正高系统中的 g_m 分母改用平均正常重力值 γ_m 来代替，γ_m 是可以精确计算的，因此正常高也可以精确地计算出来。由各地面点沿正常重力线向下截取各点的正常高，所得到的点构成的曲面，称为似大地水准面，它是正常高的基准面。似大地水准面很接近于大地水准面，在海洋上两者是重合的，在平原地区两者相差不过几厘米，在高山地区两者最多相差 2m。

似大地水准面不是等位面，没有明确的物理意义。它是由各地面点按公式计算的正常高来定义的，这是正常高系统的缺陷，其优点是可以精确计算，不必引入人为的假定。

7.2.3 大地高程系统

地面点在三维大地坐标系中的几何位置，是以大地经度、大地纬度和大地高程表示的。大地高程（也可以简称为大地高）以椭球面为基准面，是地面点沿其法线到椭球面的距离。大地高程可直接由卫星大地测量方法测定，也可由几何和物理大地测量相结合来测定。采用前一种方法时，直接由卫星定位技术测定地面点在全球地心坐标系中的大地高程。采用后一种方法时，大地高程分为两段来测定，其中，地面点至大地水准面或似大地水准面的一段由水准测量结果加上重力修正结果而得，由大地水准面或似大地水准面至椭球面的一段由物理大地测量方法求得。

当以大地水准面为过渡面时，

$$H = H_g + N$$

式中，H 为大地高，H_g 为正高，N 为大地水准面至椭球面的差距，称为大地水准面起伏。

当以似大地水准面为过渡面时，

$$H = h + \zeta$$

式中，ζ 为似大地水准面至椭球面的距离，称为高程异常。由于正高 H_g 是由地面点沿垂线至大地水准面的距离，而正常高 h 是由地面点沿正常重力线至似大地水准面的距离，所以由上述两种方法计算得出的大地高程有差异。大地高、正常高、高程异常、正高之间的关系如图 7-3 所示。

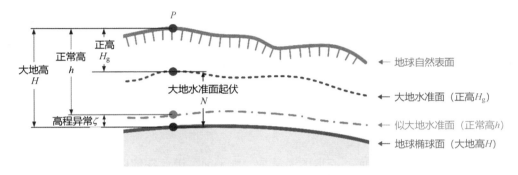

图 7-3　大地高、正常高、高程异常、正高之间的关系

7.2.4　力高系统

由于同一水准面上的各点在正高或正常高系统中的高程值不同，因而对于大规模的水利工程来说，使用很不方便。为了使同一水准面上各点有相同的高程值，可以采用力高系统。地面点的力高定义为通过该点的水准面上纬度 τ_0 处的正高，即一个水准面上各点的力高都等于该面上纬度 τ_0 处的正高。力高一般不作为国家的高程系统，只用于解决局部地区有关水利建设的问题。

7.2.5　地球位数

地面点的高低也可以用地球位数表示。它定义为大地水准面的位 W_0 与通过地面点的水准面的位 W 之差。地球位数也是以大地水准面为基准面，但它不是以米制表示的高程，而是位差。同一水准面上所有各点的地球位数相同。地球位数之差，可由每一水准测量线段观测的高差乘以该线段适当的平均重力观测值而得。

用地球位数表示的水准测量结果，换算为正高、正常高或力高系统时都比较方便，这是地球位数的优点。所以有些国家同时采用地球位数、正高和力高计算一、二等水准网，欧洲统一水准测量系统甚至采用位于阿姆斯特丹的一个水准点的地球位数作为高程起算基准。

7.2.6　1985 国家高程基准

高程基准是推算国家统一高程控制网中所有水准高程的起算依据，它包括一个水准基面和一个永久性水准原点。高程基准亦称"水准基面"，统一计算地貌高程的起算面（点）。高程基准是大地测量基准中的一种基准。

1985 国家高程基准与国内多处高程基准的基本换算关系如下（以下差值，各地均有不同，需根据当地情况选取）。

- 1985 国家高程基准高程 = 1956 年黄海高程 −0.029m。
- 1985 国家高程基准高程 = 吴淞高程基准 −1.717m。
- 1985 国家高程基准高程 = 珠江高程基准 +0.557m。
- 1985 国家高程基准高程 = 废黄河零点高程 −0.19m。
- 1985 国家高程基准高程 = 大沽零点高程 −1.163m。
- 1985 国家高程基准高程 = 渤海高程 +3.048m。

1985 国家高程基准采用的是以似大地水准面为起算面的正常高系统，与 WGS-84 定义的似大地水准面之间存在明显的系统差，且系统差自东向西、自南向北明显增大。1985 国家高程基准点与 WGS-84 定义的似大地水准面之间有 35.7cm 的垂直偏差。

7.3 地图投影

地球椭球体表面是个曲面，而地图通常是二维平面，因此在地图制图时首先要考虑把曲面转化成平面。然而，从几何意义上来说，球面是不可展平的曲面，要把它展平，势必会产生破裂与褶皱。这种不连续的、破裂的平面是不适合制作地图的，所以必须采用特殊的方法来实现由球面到平面的转化。

地图投影就是利用一定的数学法则把地球表面的任意点转换到平面上的理论和方法。由于地球是一个赤道略宽两极略扁的不规则的梨形球体，故其表面是一个不可展平的曲面，所以运用任何数学方法进行这种转换都会产生误差和变形，为按照不同的需求控制误差，就产生了各种投影方法。地图投影变形是球面转化成平面的必然结果，没有变形的投影是不存在的。对某一地图投影来讲，不存在这种变形，就必然存在另一种或两种变形。但制图时可做到：在有些投影图上没有角度或面积变形，在有些投影图上沿某一方向无长度变形。

按地图投影变形的性质，地图投影可分为 3 种：等角投影、等（面）积投影和任意投影，具体如下。

（1）等角投影，又称正形投影，指投影面上任意两方向的夹角与地面上对应的夹角相等，即保证投影前后的角度不变形。在微小的范围内，可以保持图上的图形与实地相似，但不能保持其对应的面积成恒定的比例；图上任意点的各个方向上的局部比例尺都应该相等；不同地点的局部比例尺，是随着经、纬度的变动而改变的。等角投影的面积变形比其他投影大，只有在小面积内可保持形状与实际相似。采用等角投影编制的地图有航海图、航空图、洋流图、风向图、地形图、军用地图等。

（2）等（面）积投影，是指投影面上有限面积与地球面上相应的面积相等的投影方法，即保持投影前后的面积相等。等面积投影的角度变形较大，主要用于需进行面积量算、面积对比的各类自然和社会经济地图。

（3）任意投影，既不等角也不等积的投影，都属于任意投影。任意投影存在着角度、面积和长度的变形。在任意投影中，有一类投影称为等距离投影（等距投影），它的条件是在正轴投影中经线长度比为 1，在实际应用中多把经线绘成直线，并保持沿经线方向距离相等，面积和角度有些变形。等距投影主要用于某一方向上保持距离不变的交通、管道等建设用图上。

根据投影面与地球表面的相关位置分类（投影轴与地轴的关系），有正轴投影、横轴投影、斜轴投影 3 种。

（1）正轴投影（重合）：投影面的中心线与地轴一致。

（2）横轴投影（垂直）：投影面的中心线与地轴垂直。

（3）斜轴投影（斜交）：投影面的中心线与地轴斜交。

将地球椭球体面上的经纬网投影到辅助投影面上再展开成地图平面的投影方法，称为几何投影。根据辅助投影面的不同，地图投影有以下 4 种。

（1）方位投影。又称平面投影，将地球表面上的经、纬线投影到与球面相切或相割的平面上去的投影方法；方位投影大都是透视投影，即以某一点为视点，将球面上的图像直接投影到投影面上去。方位投影的等变形线为同心圆，最适宜表示圆形轮廓的区域，如表示两极地区的地图。

（2）圆柱投影。假设用一个圆柱筒套在地球上，圆柱轴通过球心，并与地球表面相切或相割将地面上的经线、纬线均匀的投影到圆柱筒上，然后沿着圆柱母线切开展平，即成为圆柱投影图网。正轴圆柱投影表现为相互正交的直线。等角圆柱投影（墨卡托）具有等角航线表现为直线的特性，因此最适宜编制各种航海图、航空图。

（3）圆锥投影。用一个是纬线转换为同心圆的圆弧，经线转换为圆的半径，两经线夹角与实地相应的经差成正比的一种地图投影圆锥面相切或相割于地球面的纬度圈，圆锥轴与地轴重合，然后以球心为视点，将地面上的经线、纬线投影到圆锥面上，再沿圆锥母线切开展成平面。圆锥投影的性质为地图上纬线为同心圆弧，经线为相交于地极的直线。圆锥投影主要应用于中纬度地区。

（4）多圆锥投影：投影中纬线为同轴圆的圆弧线，而经线为对称中央直径线的曲线。

与几何投影相对的是条件投影。条件投影的经纬网不是借助几何面，而是根据某种条件构成的投影方式。条件投影有以下 3 种。

（1）伪方位投影：在方位投影的基础上，改变某些条件而形成的投影。在正轴情况下，伪方位投影的纬线仍投影为同心圆，除中央经线投影成直线外，其余经线均投影成对称于中央经线的曲线，且交于纬线的共同圆心。

（2）伪圆柱投影：在圆柱投影的基础上，改变某些条件而形成的投影。在圆柱投影基础上，规定纬线仍为同心圆的圆弧，除中央经线仍为直线外，其余经线则投影成对称于中央经线的曲线。

（3）伪圆锥投影：在圆锥投影的基础上，改变某些条件而形成的投影。投影中纬线为同心圆圆弧，经线为交于圆心的曲线。

在几何投影中，根据投影面与地球表面的关系，可分为切投影和割投影两类。

（1）切投影：以平面、圆柱面或圆锥面作为投影面，使投影面与球面相切，将球面上的经纬线投影到平面上、圆柱面上或圆锥面上，然后将该投影面展为平面而成。

（2）割投影：以平面、圆柱面或圆锥面作为投影面，使投影面与球面相割，将球面上

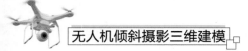

的经纬线投影到平面上、圆柱面上或圆锥面上，然后将该投影面展为平面而成。

而具体投影方法的使用，需要根据制图的目的、区域位置、形状、范围、比例尺、内容、出版方式等条件选择。制作地形图通常使用圆柱投影，制作区域图通常使用方位投影、圆锥投影、伪圆锥投影，制作世界地图通常使用多圆锥投影、圆柱投影和伪圆柱投影。常用的制图投影类型示意图如图 7-4 所示。

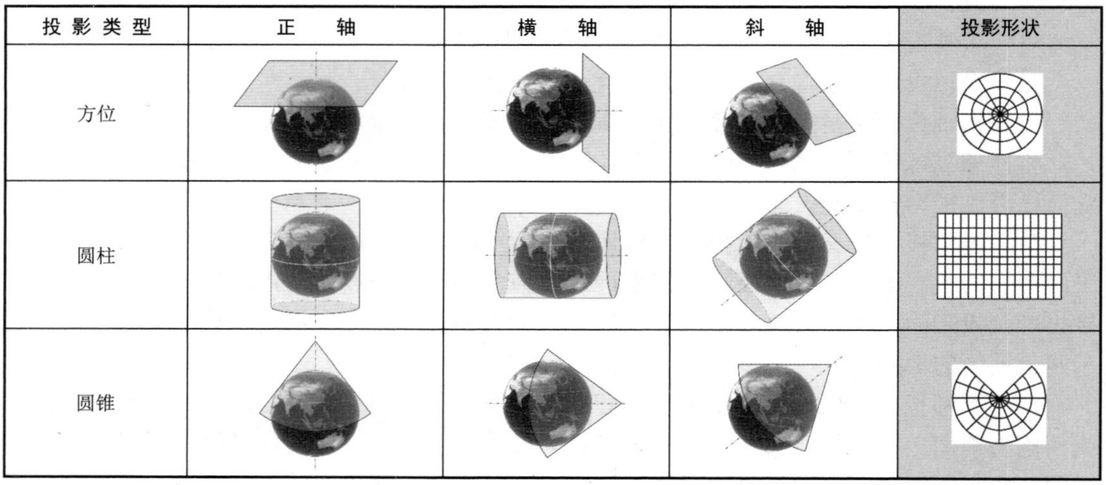

投 影 类 型	正 轴	横 轴	斜 轴	投影形状
方位				
圆柱				
圆锥				

图 7-4　常用制图投影类型示意图

在地形图制图中最常用的高斯-克吕格投影是等角横轴切椭圆柱投影，通用横轴墨卡托投影（也称 UTM 投影，Universal Transverse Mercator Projection）是等角横轴割椭圆柱投影。

7.3.1　高斯-克吕格投影

高斯-克吕格投影简称"高斯投影"，又名"等角横轴切椭圆柱投影"，由德国数学家、物理学家、天文学家高斯在进行汉诺威地区的测量中提出，后经德国大地测量学家克吕格于 1912 年对其进行了改正，采用单一等积投影，并做了进一步数学推导而完成。它是地球椭球面和平面间正形投影的一种。

高斯-克吕格投影的几何概念是，假想有一个椭圆柱与地球椭球体上某一经线相切，其椭圆柱的中心轴与赤道平面重合，将地球椭球体有条件地投影到椭圆柱上。投影条件如下。投影后，除中央子午线和赤道为直线外，其他子午线均为对称于中央子午线。设想用一个椭圆柱横切于椭球面上投影带的中央子午线，按上述投影条件，以中央经线为投影的对称轴，将东西各 3° 或 1°30′的两条子午线所夹经差 6° 或 3° 的带状地区按数学法则、投影法则投影到圆柱面上，再将椭圆柱面沿过南北极的母线剪开展平，即为高斯投影平面。取中央子午线与赤道交点的投影为原点，中央子午线的投影为纵坐标 x 轴，赤道的投影为横坐标 y 轴，构成高斯-克吕格平面直角坐标系，也称为高斯平面直角坐标系。高斯-克吕格投影方法示意图如图 7-5 所示。

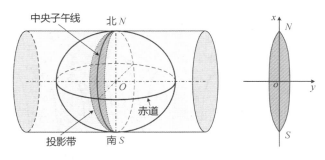

图 7-5　高斯-克吕格投影方法示意图

　　高斯-克吕格投影在长度和面积上变形很小，中央经线无变形，自中央经线向投影带边缘，变形逐渐增加，变形最大之处在投影带内赤道的两端。由于其投影精度高、变形小，能在图上进行精确的量测计算，而且计算简便（各投影带的坐标一致，只要算出一条投影带的数据，其他各条投影带都能应用），因此在大比例尺地形图中得以广泛应用。高斯-克吕格投影的特点如下。

　　（1）中央子午线是直线，其长度不变形，其他子午线是凹向中央子午线的弧线，并以中央子午线为对称轴。

　　（2）赤道线是直线，但有长度变形，其他纬线为凸向赤道的弧线，并以赤道为对称轴。

　　（3）经线和纬线投影后仍然保持正交。

　　（4）离开中央子午线越远，变形越大。

　　我国基本比例尺地形图除 1:1 000 000 采用兰勃特投影外，其他均采用高斯-克吕格投影。为减少投影变形，比例尺大于 1:10 000 的地形图采用三度带投影，1:250 000～1:500 000 的地形图采用六度带投影。在工程测量中，有时也采用任意带投影，即把中央子午线放在测区中央的高斯投影。在高精度的测量中，也可采用小于 3° 的分带投影。

　　六度带投影：经差为 6°，从 0° 子午线开始，自西向东每隔 6° 为一个投影带，全球共分 60 个带，用 1，2，3，4，5，…，60 等表示，即东经 0°～6° 为第一带，其中央经线的经度为东经 3°；东经 6°～12° 为第二带，其中央经线的经度为东经 9°；依次类推。六度带的中央子午线经度的计算公式为：$L_0^6 = 6° \times N - 3°$，六度带带号的计算公式为：$N = \mathrm{int}\, L/6° + 1$，其中：$N$ 为带号，L 为第 N 带的中央子午线的经度，int 为取整函数。

　　三度带投影：经差为 3°，从东经 1.5° 开始，自西向东每隔 3° 为一个投影带，全球共分 120 个带，用 1，2，3，4，5，…，120 等表示。即东经 1.5°～4.5° 为第一带，其中央经线的经度为东经 3°；东经 4.5°～7.5° 为第二带，其中央经线的经度为东经 6°；东经 7.5°～10.5° 为第三带，其中央经线的经度为东经 9°；依次类推。这样分带的方法使 6° 带的中央经线均为 3° 带的中央经线。三度带的中央子午线经度的计算公式为：$L_0^3 = 3° \times n$，三度带带号的计算公式为：$n = \mathrm{int}\, L/3° + 0.5$，其中：$n$ 为带号，L 为第 n 带的中央子午线的经度，int 为取整函数。

　　我国的经度范围西起东经 73°，东至东经 135°，横跨 11 个六度带，对应六度带的带号是 13～23 带，各带中央经线依次为 75°、81°、87°、93°、99°、105°、111°、117°、123°、129°、135°；横跨 22 个三度带，对应三度带的带号是 24～45 带，各带中央经线依次为 72°、75°、78°、81°、84°、87°、90°、93°、96°、99°、102°、105°、108°、111°、114°、117°、120°、123°、126°、129°、132°、135°。

高斯-克吕格投影分带编号示意图如图7-6所示。

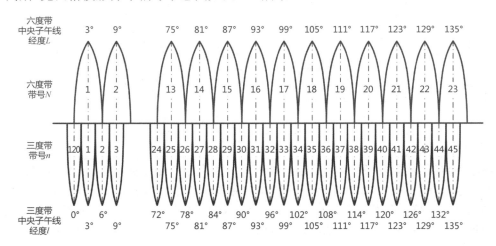

图7-6　高斯-克吕格投影分带编号示意图

高斯平面直角坐标系以中央经线投影为纵轴 X，赤道投影为横轴 Y，两轴交点即为各带的坐标原点 O。纵坐标以赤道为零起算，赤道以北为正，以南为负。我国位于北半球，纵坐标均为正值，纵坐标 x 的最大值约为 10 000km；横坐标如果以中央经线为零起算，中央经线以东为正，以西为负，横坐标 y 的最大值约为 330km（在赤道上，六度带）。在每条投影带内，横坐标 y 有正有负，这对于计算和使用都不方便。为了使横坐标 y 值始终都为正值，故规定将坐标纵轴西移 500km 当作起始轴，凡是投影带内的横坐标值均加 500km，并在横坐标 y 前加上投影带的带号。这是因为高斯-克吕格投影的每一个投影带的坐标都是对本带坐标原点的相对值，所以各条投影带的坐标完全相同，为了区别某一坐标系统属于哪一带，故需要在横轴坐标前加上带号。

高斯平面直角坐标系中六度带和三度带的纵坐标 x 和横坐标 y 的取值范围如表7-2所示。

表7-2　六度带和三度带的纵坐标 x 和横坐标 y 的取值范围

分带	六度带（m）	三度带（m）
横坐标 y 跨度	667 916.94	333 958.47
横坐标 y 取值范围	±333 958.47	±166 979.24
横坐标 y 取值范围 （西移 500km）	166 041.53～833 958.47	333 020.76～666 979.24
横坐标 y 取值范围 （加带号）	YY 166 041.53～YY 833 958.47 （YY 为带号）	YY 333 020.76～YY 666 979.24 （YY 为带号）
纵坐标 x 取值范围	±10 039 010.88	±10 039 010.88
北半球 纵坐标 x 取值范围	0～10 039 010.88	0～10 039 010.88

例如，某点的纵坐标 x 值为 4 230 989m、横坐标 y 值为 21 650 968m，其中横坐标 y 值中的头两位数"21"即为带号。

六度带和三度带高斯平面直角坐标系示意图如图7-7所示。

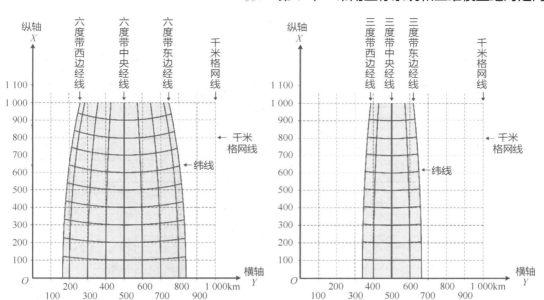

图 7-7　六度带和三度带高斯平面直角坐标系示意图

7.3.2　通用横轴墨卡托投影

通用横轴墨卡托投影（Universal Transverse Mercator Projection，简称为 UTM 投影）是等角横轴割圆柱投影，椭圆柱割地球于南纬 80°、北纬 84° 两条等高圈，并将北纬 84° 和南纬 80° 之间的地球表面按经度 6° 划分为南北纵带（投影带），从 180° 经线开始向东将这些投影带编号，从 1 编至 60。每个带再划分为纬差 8° 的四边形，四边形的横行从南纬 80° 开始，用字母 C 至 X（不含 I 和 O）依次标记（第 X 行包括北半球从北纬 72° 至 84° 全部陆地面积，共 12°）。每个四边形用数字和字母组合标记，参考格网向右向上读取，每一四边形划分为很多边长为 1 000km 的小区，用字母组合系统标记。在每个投影带中，位于带中心的经线，赋予横坐标值为 500km。对于北半球赤道的标记坐标值为 0，对于南半球为 10 000km，往南递减。

投影后中央经线的长度的比 0.999 6，在距中央经线两侧各 179.776 km 处的两条割线上没有变形。UTM 投影沿每条南北格网线的比例系数为常数，在东西方向则为变数，中心格网线的比例系数为 0.999 6，在南北纵行最宽部分的边缘上距离中心点大约 363km，比例系数为 1.001 58。UTM 投影被许多国家作为地形图的数学基础，其现在采用的是 WGS-84 椭球体。UTM 投影方法示意图如图 7-8 所示。UTM 投影分带示意图如图 7-9 所示。

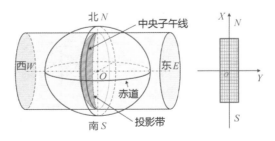

图 7-8　UTM 投影方法示意图

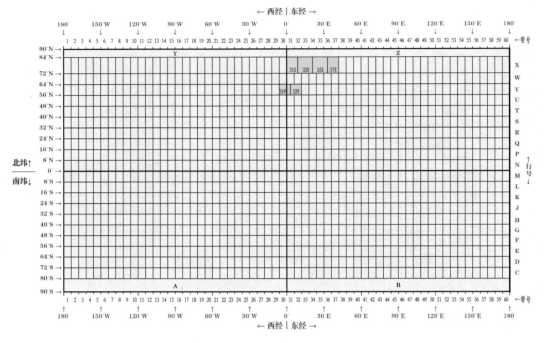

图 7-9　UTM 投影分带示意图

一个标准 UTM 投影带的平面直角坐标系示意图如图 7-10 所示。

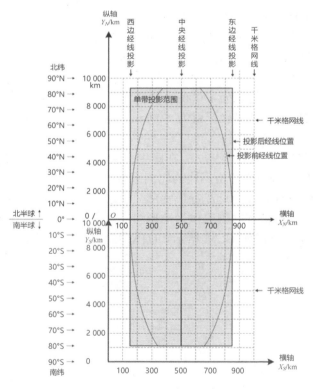

图 7-10　一个标准 UTM 投影带的平面直角坐标系示意图

7.3.3　高斯–克吕格投影与 UTM 投影的坐标换算

高斯–克吕格投影与 UTM 投影都是横轴墨卡托投影的变种，投影后角度没有变形，中央经线均为直线，且为投影的对称轴。

从投影几何方式来看，高斯–克吕格投影是"等角横切椭圆柱投影"，投影后中央经线保持长度不变，即比例系数为 1；UTM 投影是"等角横轴割圆柱投影"，圆柱割地球于南纬 80°、北纬 84° 两条等高圈，投影后两条割线上没有变形，中央经线上长度比 0.999 6。

从投影分带方式来看，高斯–克吕格投影与 UTM 投影的分带起点不同。高斯–克吕格投影自 0° 子午线起每隔经差 6° 自西向东分带，第 1 带的中央经度为 3°；UTM 投影自西经 180° 起每隔经差 6° 自西向东分带，第 1 带的中央经度为 -177°，因此高斯–克吕格投影的第 1 带是 UTM 的第 31 带。

从坐标原点偏移来看，高斯–克吕格投影与 UTM 投影的东伪偏移都是 500km；高斯–克吕格投影北伪偏移为零；UTM 北半球投影北伪偏移为零，而南半球投影的伪偏移则为 10 000km。

从分带坐标值计算结果来看，两者主要差别在比例因子上。高斯–克吕格投影中央经线上的比例系数为 1，UTM 投影为 0.999 6。因此高斯–克吕格投影与 UTM 投影的坐标值可采用以下公式近似换算。

$$X_{UTM} = 0.999\ 6 \times X_{\text{高斯}}$$

$$Y_{UTM} = 0.999\ 6 \times Y_{\text{高斯}}$$

但需要注意的是，如果坐标纵轴西移了 500 000m，在进行坐标换算时，必须先将纵坐标 Y 值减去 500 000 并乘上比例因子后，再重新加上 500 000。

由于一些应用软件不支持高斯–克吕格投影，但支持 UTM 投影，因此在精度要求不高时，可以把 UTM 投影近似看作高斯–克吕格投影，反之亦然。

7.4　经常使用的坐标系统

在使用无人机进行倾斜摄影和三维建模时，一般会涉及 WGS-84 坐标系、2000 国家大地坐标系、UTM 投影、高斯–克吕格投影等坐标系统和投影系统。

在使用无人机进行倾斜摄影飞行时，由于无人机的飞控系统和相机曝光点位置通常是采用 GPS 全球卫星定位系统或导航定位定向系统（POS 系统）测定。因此，飞行轨迹或照片曝光点位置一般也是按照 WGS-84 坐标系记录的。不同的飞控或 POS 系统对位置信息的记录格式也不相同，但都包括点位编号、纬度、经度、高度等主要信息。

目前，外业控制点的测量已普遍采用 GPS-RTK 方法，其成果是基于 WGS-84 坐标系下的纬度、经度和高度，一般情况下需要换算到 2000 国家大地坐标系中，或换算到该区域所在的六度带或三度带高斯平面直角坐标系中。

在进行航线设计时，由于倾斜摄影的影像地面分辨率一般优于 10cm/px，为了准确划分摄影分区，一般会依据 UTM 投影或高斯–克吕格投影的平面直角坐标系的千米格网的整千米数或整百米数来划定摄影范围和摄影分区界线，并据此进行航线设计。至于选择何种投影的坐标系，主要取决于倾斜摄影三维模型成果最后在哪种坐标系中应用。如果要求倾斜摄影三维模型的成果坐标是高斯平面直角坐标系的，摄影范围和摄影分区划分时最好按照高斯平面直角坐标系千米格网的整千米数或整百米数进行，这样既便于航线设计，也是后续进行的外业控制点布设和三维建模计算时分块的依据。

在进行三维模型计算时，无论是采用前定向还是后定向方法，都是通过输入一定数量的定向控制点，使三维模型归算到指定坐标系统中，保证三维模型的量测精度符合指定的应用需求。

7.5 地球曲率对三维模型的影响

无人机在进行倾斜摄影时，通常都是沿地球表面按照设定的航线进行飞行，每条航线的航高一般是不变的，除非特别设置。无人机飞行的飞行轨迹、曝光点坐标、航高等多数是利用全球定位系统 GPS 提供的定位信号和参考基准确定的，因此我们通常得到的曝光点位置坐标均为 WGS-84 坐标系的坐标，其飞行轨迹与地球曲率是密切相关的。多数情况下，无人机飞行时一条航线内的航高是基本相同的，该条航线（飞行轨迹）是一条与该高度椭球曲率基本相同的弧线。

如果把地球椭球体近似看作是一个理想的球体，其平均曲率半径为 $R=6\,371$km，随着地球椭球面上 P 点沿切线方向距离 L 的增加，在切线上的 A 点与地球椭球面对应的 B 点之间的高度差 Δh 也逐渐增大。地球曲率引起的高度差示意图如图 7-11 所示，其计算公式如下。

$$\Delta h = \sqrt{R^2 + L^2} - R$$

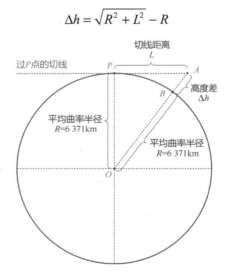

图 7-11　地球曲率引起的高度差示意图

受地球曲率的影响，当无人机按照固定航高飞行时，其航线（飞行轨迹）是一条与地球参考椭球曲率基本一致的曲线。按固定航高飞行的无人机飞行轨迹示意图如图 7-12 所示。当 $L=1$km 时，$\Delta h_1=78.48$mm；$L=5$km 时，$\Delta h_5=1\,962.02$mm；$L=10$km 时，$\Delta h_{10}=7\,848.06$mm；

L=20km 时，Δh_{20}=313 92.17mm；L=50km 时，Δh_{50}=196 198.52mm；L=100km 时，Δh_{100}=784 757.82mm。

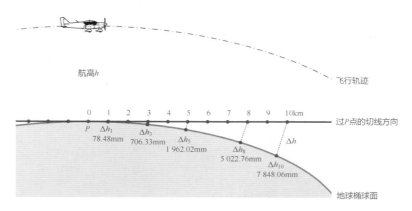

图 7-12　按固定航高飞行的无人机飞行轨迹示意图

　　由于地球曲率的影响，当航线为弧线时，理论上说按照弧线航线飞行所获取的倾斜影像所建立的三维模型也会受到地球曲率的影响，其底面形状与三维模型所在位置的地球椭球面相似。根据几款三维建模软件的实际计算结果来看，在没有定向控制点参与空三解算的情况下（自由网空三计算），地球曲率对三维建模计算结果的影响是非常明显的，如图 7-13 所示。至于三维模型的弯曲程度与地球曲率的关系仍有待进一步研究验证。

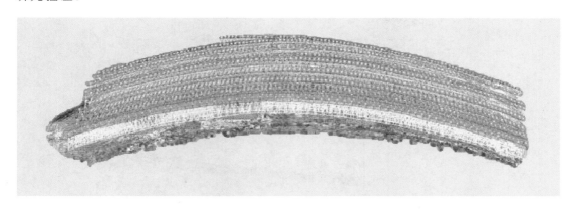

图 7-13　地球曲率对三维建模空三计算结果的影响示意图

　　当三维建模的区域较小（航线长度≤2km）时，这种影响并不明显，且可以通过后定向的方式加以限制。此时，该范围的三维模型可以看作是一个与建模区域实际地表形态相似的缩小模型，也是一个可以使用投影转换公式进行平移、旋转、缩放等投影变换的刚体。

　　但当三维建模的范围较大、且单次计算的区域也较大时，为了保证三维模型的精度和各分块之间接边的精度，就只能采取前定向的方法进行建模计算了，也就是在开始进行空三计算时就要加入一定数量的定向控制点参与计算，并通过重复进行空三计算的方法来逐步消除地球曲率对三维模型的影响，使其较好地满足三维建模和绝对定向的精度要求。

　　湖南某地 12km×7km 范围的三维建模区域，使用某三维建模软件，在加入高斯平面直角坐标系的定向控制点后，经重复多次进行三维建模空三计算的过程和结果，如图 7-14 所示。从计算过程和结果可以看出，倾斜影像三维模型空三计算结果的精度是可以随着计算次数的增加而不断提高的，通过多次重复计算，可以逐步减少和消除地球曲率对三维模型的影响。这一方面说明了有些倾斜摄影三维建模软件的空三计算能力是有局限的，但可以通过不断迭代来提高精度。另一方面也说明，倾斜摄影三维建模计算对飞行质量、相机参数等具有较大的宽容度，从而降低了对飞行平台稳定性和相机性能指标的要求，进而提高了作业效率，降低了生产成本。

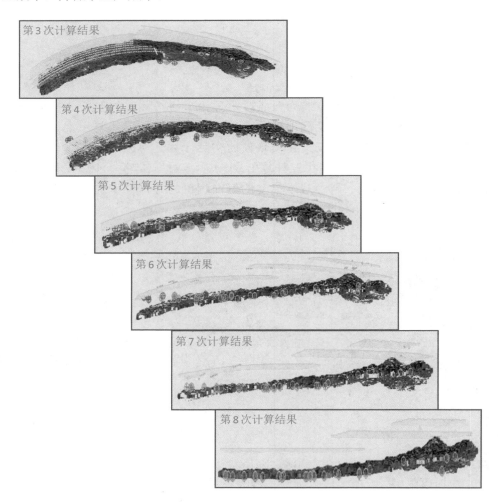

图 7-14　重复多次进行三维建模空三计算的过程和结果示意图

7.6　倾斜摄影三维模型的绝对定向

　　一般而言，通过倾斜摄影方法建立三维模型的目的，就是进行高精确度的量测和高精细度的展示。多数情况下，倾斜摄影三维模型与大比例尺地形图（1:500～1:2 000）的应用场景相同，都需要在平面直角坐标系中使用，因此必须对三维模型进行绝对定向。

倾斜摄影三维模型的绝对定向就是将三维模型以一定的精度归算到指定坐标系中的过程，其结果是三维模型中任一点的坐标值与该模型所对应的实际位置在给定坐标系中的坐标值相同，其误差小于给定的限差值。

三维模型的绝对定向有两种方法：其一是前定向，其二是后定向。至于采用何种方法进行绝对定向，主要取决于对三维模型精度和时间等的要求。

7.6.1　绝对定向之前定向

倾斜摄影三维模型的前定向是指在进行倾斜影像三维建模计算的过程中，加入指定坐标系统的若干定向控制点，并使定向控制点参与三维建模空三计算，使计算所得的三维模型的任意点的坐标值都归算到指定的坐标系中。经过绝对定向的三维模型，无论是任意点的坐标值，两点间的距离，还是面积或体积的量算，都与实地量测的结果相同。

如果对三维模型具有较高的定位精度和量测精度要求，就必须采用前定向的方法进行绝对定向，即在开始空三计算前或计算过程中就要加入定向控制点，并依据检查点对计算结果进行检核。而不同的三维建模软件，加入定向控制点的方法也是有差异的，多数软件是通过人工找点的方式在相关影像上逐一进行刺点的，也有软件带有控制点位置的预测功能，但精确对准还需要手工调整。

而为三维模型的绝对定向加入定向控制点，是目前多数三维建模软件操作流程中人机交互时间最长的过程。因此，如何提高定向控制点在影像上刺点的效率和精确度是今后三维建模软件优化升级的一个重要方面。

前定向方法的优点是在三维建模的空三计算过程中，通过加入高精度的定向控制点和检查点，增强同一计算分区中不同航线、不同架次、不同相机、不同飞机的影像的关联性，不断优化空三计算结果，从而保证三维模型的建模精度和定向精度。

7.6.2　绝对定向之后定向

当对三维模型的定位精度和量测精度要求不高，或者没有高精度的定向控制点，但又需要将三维模型归算到指定坐标系时，也可以采用后定向的方法对三维模型进行绝对定向。倾斜摄影三维模型的后定向，是指在完成倾斜影像三维建模后，通过加入指定坐标系统的若干定向控制点，使三维模型的任意点的坐标值都概略归算到指定的坐标系中。

对倾斜摄影三维模型可以采用后定向方法进行绝对定向，是基于以下条件。

（1）在有限的范围内，以倾斜摄影方法构建的三维模型可以视作为一个刚体，可以使用投影转换公式进行平移、旋转、缩放等投影变换。

（2）三维模型中各处的量测精度是均匀的，包括平面和高程。

（3）三维模型可以通过一定数量的定向控制点与指定的坐标系统进行关联（绝对定向）。

后定向方法的优点是在三维建模的空三计算过程中，不需要任何定向控制点，只要有影像数据就可以进行三维建模计算，有了三维模型成果后再根据需要进行绝对定向。但后定向方法的局限也很明显，如定向精度不高、影响空三计算成功率、分区接边误差较大、计算分区范围较小等。

第8章　基于三维模型的测绘产品生产

倾斜摄影三维模型具有精细度高、准确度高、全要素建模、可全方位浏览等诸多优点。随着倾斜摄影三维建模技术的推广和应用，其所建立的精细地表三维模型将成为较摄影测量立体测图和全野外测图等常规测图方法更好的基础数据源，并且可以生产更多类型的数字测绘产品，是一种全新的测绘产品生产方法。

倾斜摄影技术在测绘领域的主要用途是快速地建立精细地表三维模型，其成果在多数情况下可以替代手工建模、"倾斜影像+激光扫描"、地面激光扫描等传统的建模方法。优秀的倾斜影像三维建模软件可以在只有倾斜影像、而没有其他参数（如相机检校数据、飞行数据等）的情况下，依然能够自动高效地完成三维建模的计算，完整地恢复全部地表形态，包括自然地貌景观、人工构筑物的三维形状和色彩，如地形、房屋、道路、树木、植被、田块等，并且不需要人工观测。

8.1　新 6D 产品的定义

采用常规数字摄影测量方法生产的标准数字测绘产品主要有数字高程模型（DEM）、数字正射影像图（DOM）、数字栅格地图（DRG）、数字线划地图（DLG），统称为"4D 产品"。

而利用倾斜摄影技术，经过必要的处理流程，可以得到以下 6 种新型的标准测绘产品，可称为"新 6D 产品"。

- 三维模型（3D Model，3DM）。
- 数字表面模型（Digital Surface Model，DSM）。
- 数字高程模型（Digital Elevation Model，DEM）。
- 真正数字正射影像图（True Digital-Orthophoto Map，TDOM）。
- 数字线划地图（Digital Line Graphic，DLG）。
- 数字对象化模型（Digital Object Model）。

从"4D 产品"到"6D 产品"，表面上看只是产品数量发生了变化，但其中不仅蕴含了测绘技术和方法的变革，也使得用户可以更加直接和便利地使用测绘产品。倾斜摄影技术降低了摄影飞行、外业控制、地理信息数据采集、产品制作的技术要求和设备要求，降低了对专业人员的技术要求，提高了生产作业的自动化程度，也使原来需要由专业测绘单位提供基础测绘产品后再做后续应用的用户，现在可以直接建立完整、可控、高效的空间数据生产流程，并在业务进程中随时采集所需的空间信息，进而缩短了工期、减少了流程、提高了效率、降低了成本。

8.2 新 6D 产品的生产流程

利用倾斜摄影技术生产新 6D 产品时，其生产流程和成果形式有别于常规的摄影测量。

首先，倾斜摄影对航向和旁向重叠度、飞机的姿态、相机检校参数等要求不高，只需要提供对任务区多角度、高覆盖度、高分辨率的影像，倾斜摄影三维建模软件就可以获取飞机的姿态数据、相机的检校参数等，自动地完成三维建模任务。

其次，在计算三维模型的过程中，倾斜摄影三维建模软件可以在没有照片的内外方位元素、相机的检校参数、外业控制点，且不受照片的基线数量、航线数量等限制，自动完成三维建模。但考虑到目前倾斜摄影三维建模软件的计算能力和计算效率，也为了控制三维模型受地球曲率影响产生的曲率误差，建议单个计算区域的照片数量一般不超过 20 000 张，且区域的最大边长不超过影像地面分辨率的 1 000 倍。

最后，通过对三维模型进行绝对定向、场景编辑、拼接裁切等编辑处理，再分别制作所需要的标准产品。

新 6D 产品的生产流程主要有如下 10 项。

（1）技术设计。成果是技术设计书和相关作业规程。

（2）倾斜摄影飞行。成果是任务区域内的倾斜影像数据和照片定位参数。

（3）倾斜影像三维建模。成果是未经编辑的倾斜摄影原始三维模型。

（4）外业控制点测量和调绘。成果是用于倾斜摄影三维模型绝对定向的定向控制点数据（CP）和调绘成果。

（5）倾斜摄影三维模型生产。成果是经过编辑和绝对定向、并按一定分区分幅进行裁切的标准倾斜摄影三维模型。该倾斜摄影三维模型既是一个产品，也是后续相关地理信息数据生产的基础。

（6）数字表面模型生产。成果是基于倾斜摄影三维模型进行编辑处理后得到的数字表面模型。

（7）真正数字正射影像图生产。成果是基于倾斜摄影三维模型进行正投影计算后得到的真正数字正射影像图。

（8）数字高程模型生产。成果是基于倾斜摄影三维模型进行编辑处理后得到的数字高程模型。

（9）数字线划地图生产。成果是基于倾斜摄影三维模型进行特征提取和编辑处理后得到的数字线划地图。

（10）数字对象化模型生产。成果是基于倾斜摄影三维模型进行特征提取和编辑处理后得到的数字对象化模型。

新 6D 产品生产的基本流程示意图如图 8-1 所示。

上述流程中，与常规测绘生产流程的主要不同之处在于外业控制点测量的顺序。常规测绘生产流程中，在完成航空摄影后，需要先进行外业控制点测量控制和调绘，然后才能进入测图工序。而基于倾斜摄影技术进行产品生产，可以采用先进行倾斜摄影和三维建模计算，得到未经绝对定向的原始三维模型后，再根据三维模型场景的范围和形状布测外业控制点。而这样的变化的原因，一方面是由于倾斜摄影三维建模软件可以在没有外业控制点的情况下完成三维建模计算；另一方面是有了三维模型后再去布测控制点，可以优化和减少外业控制点的布测数量，提高生产效率。

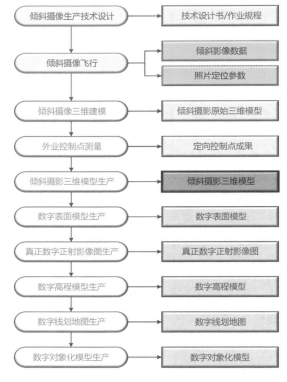

图 8-1　新 6D 产品生产的基本流程示意图

8.3　生产技术设计

针对任务或项目的总体要求，结合任务区域地形地貌特点，参考现行标准规范和有关技术规定，编写满足项目需求的、倾斜摄影生产相关的技术设计和作业规程，主要包括以下几个方面。

- 项目总体技术设计。
- 倾斜摄影技术设计。
- 多旋翼无人机倾斜摄影作业规程。
- 固定翼无人机倾斜摄影作业规程。
- 倾斜摄影三维模型生产作业规程。
- 倾斜影像三维模型定向控制点测量作业规程。
- 倾斜摄影三维模型绝对定向作业规程。
- 基于倾斜摄影三维模型的数字表面模型作业规程。
- 基于倾斜摄影三维模型的真正数字正射影像图作业规程。
- 基于倾斜摄影三维模型的数字高程模型作业规程。
- 基于倾斜摄影三维模型的数字线划地图作业规程。
- 基于倾斜摄影三维模型的数字对象化模型作业规程等。

8.4　倾斜摄影飞行

　　根据任务要求，选择适用的无人机和倾斜摄影相机，划分飞行分区，并进行倾斜摄影飞行，获取任务区域的倾斜影像。倾斜摄影飞行流程和成果内容示意图如图 8-2 所示。

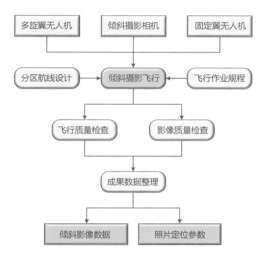

图 8-2　倾斜摄影飞行流程和成果内容示意图

8.5　倾斜摄影三维建模

　　将倾斜影像数据和照片定位参数进行匹配后，导入倾斜摄影三维建模软件，经过自动空三计算、自动建模计算、自动纹理映射等处理步骤，就可以得到倾斜摄影原始三维模型。倾斜摄影三维建模计算流程示意图如图 8-3 所示。

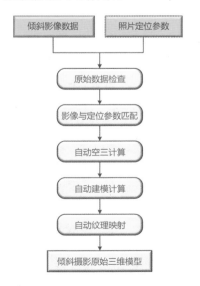

图 8-3　倾斜摄影三维建模计算流程示意图

8.6 外业控制点测量

为了在指定的空间坐标系中对倾斜摄影三维模型进行定位，需要按照一定的范围和数量布设外业控制点，并获得每个外业控制点在该坐标系中的精确坐标。由于倾斜摄影三维模型的精度较高，其主要是为了进行精确测量，因此应在高精度的平面坐标系中应用，多用于优于 1:2 000 比例尺测图精度要求的测量，如小区域的独立平面坐标系、城市独立坐标系等，投影变形应控制在 2.5cm/km 以内。

为方便控制点的布设和选取，可以使用网络地图或其他参考地图对倾斜摄影原始三维模型进行概略定向，使其与模型所在区域建立空间关系，然后进行控制点选取外业测量及坐标转换。外业控制点测量流程示意图如图 8-4 所示。

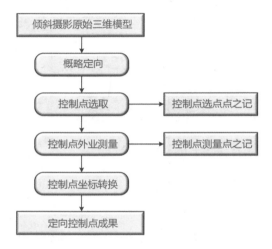

图 8-4　外业控制点测量流程示意图

单一场景的倾斜摄影三维模型可以认为是一个刚体模型，可以对其进行缩放、旋转等线性变换。理论上说，对矩形区域的三维模型进行绝对定向，只要在模型的四角共布设 4 个控制点就可以完成。根据倾斜摄影三维模型的区域形状，为了保障三维模型绝对定向的精度，如果三维模型长度与宽度的比值小于 2，控制点一般采用"田"字形方式布设，4 个角点和中心点也可以采用双点方式布设；如果三维模型的长度与宽度比值大于 2，则可以采用"日"字形方式布设控制点，4 个角点可以采用双点方式布设。"双点方式"或"双控制点方式"是指为了提高控制点布测的成功率，避免粗差，实现相互校核，在一个控制点布设的位置上，同时布测两个位置相近的控制点。

外业控制点布点位置示意图如图 8-5 所示。理论上，如果把一个倾斜摄影三维模型看作是几何意义上的刚体，只要用 4 个控制点就可以将其转换到指定坐标系中。而采用"田"字形或"日"字形双控制点布点方案的目的主要是尽可能好的将倾斜摄影三维模型纠正到所需的坐标系统中，并进行精度验证。比较理想的布点方案是"五点法"，即在倾斜摄影三维模型的四角各布设 1 个控制点，在倾斜摄影三维模型的中央布设 1 个控制点，并采用双点方式，检查点的数量和位置可视需要进行布设，五点法外业控制点布点位置示意图如图 8-6 所示。

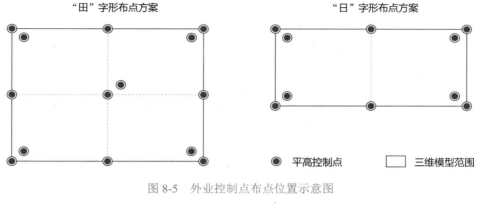

图 8-5　外业控制点布点位置示意图

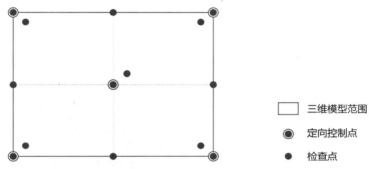

图 8-6　五点法外业控制点布点位置示意图

　　根据有关公司在 2018—2019 年完成的许多倾斜摄影三维建模任务来看，采用格网法均匀布设外业控制点的方法，不仅可以保证倾斜摄影三维模型的精度，提高外业控制点的布测效率，还增加了外业测量工作安排的灵活性，较之传统的外业控制点布设方法有较大优势。

8.7　三维模型产品及生产流程

　　3DM 是 3D Model（三维模型）的缩写，它是依据具有一定重叠度和一定数量的倾斜影像，经三维建模软件自动处理后所得到的三维模型，在对该模型的缺陷进行必要编辑后，可以直接提供给用户使用的新型测绘产品三维模型示意图（村镇建筑区）如图 8-7 所示、三维模型示意图（黄土地貌区）如图 8-8 所示。

　　三维模型具有真实、细致、准确、360°浏览、全要素等诸多优点，为最终用户"自主测量、按需测绘"提供了可能。三维模型可以采用开放的、带有 LOD（Levels of Detail 的简称，意为多细节层次）的 OSGB 格式的文件进行存储，也可以使用多种数据库（如MongoDB 等）进行存储和管理。

　　对倾斜摄影原始三维模型进行置平、三维场景编辑（补空洞、挖空、悬空物裁切、场景裁切等）、三维场景绝对定向、绝对定向精度检测、三维场景拼接裁切等处理后，就得到了具有准确空间位置和量测精度的倾斜摄影三维模型产品。

图 8-7　三维模型示意图（村镇建筑区）

图 8-8　三维模型示意图（黄土地貌区）

倾斜摄影三维模型产品生产流程示意图如图 8-9 所示。

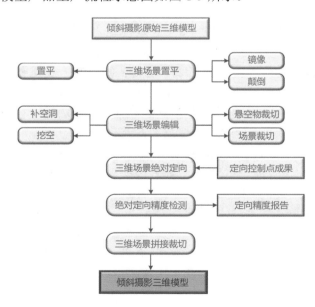

图 8-9　倾斜摄影三维模型产品生产流程示意图

8.8　数字表面模型产品介绍及生产流程

DSM 是 Digital Surface Model（数字表面模型）的缩写。由于倾斜摄影的对象既可以是地球表面，也可以是建筑物或其他物体。因此，数字表面模型是指被摄对象经三维建模处理后得到的数字表面模型，而不仅仅是指传统意义上的地球表面模型。当然，就测绘而言，数字表面模型指的就是数字地表模型。

就地形测图而言，倾斜影像经三维建模软件处理后，可以直接得到表达了地表形态特征的数字表面模型，而无须人工观测，再经简单编辑和绝对定向处理后，才能得到符合产品标准的数字表面模型产品。数字表面模型示意图如图 8-10 和图 8-11 所示。

图 8-10　数字表面模型示意图 1

图 8-11　数字表面模型示意图 2

有了这样高精细度和高精确度的数字表面模型后，使得原来在常规摄影测量的立体测图模式下需要人工采集的特征线和特征面，可以对相似形状特征的三角面片进行自动的特征识别、提取、聚类等分析和操作，进而得到具有相似几何特征的特征线和连续面状区域及其边界，如房屋结构线和结构面、道路、水面、地块等，为今后实现地物的自动提取、自动测图、自动识别等提供了几何依据，是实现自动测图的基础之一。

经过绝对定向后倾斜摄影三维模型的三角网模型，对其进行滤波、拟合、平滑等处理后，就可以得到数字表面模型产品。数字表面模型产品生产流程示意图如图 8-12 所示。

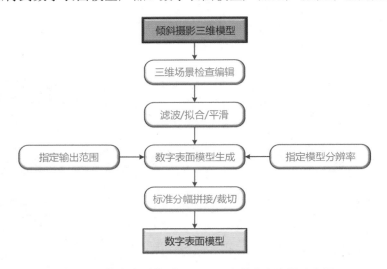

图 8-12　数字表面模型（DSM）产品生产流程示意图

数字表面模型产品有两种格式，一种是基于三角网模型的数字表面模型产品，另一种是基于规则格网点的数字表面模型产品。由于基于倾斜摄影技术建立的三维模型是全要素、真三维模型，不同于传统意义上平滑连续、每一个格网点上有且只有一个高程值的 2.5 维的数字表面模型。因此，基于倾斜摄影三维模型生产的数字表面模型产品应采用三角网模型格式存储。

8.9　数字高程模型产品介绍及生产流程

DEM 是 Digital Elevation Model（数字高程模型）的缩写。倾斜影像经三维建模软件处理后，可以直接得到高精细度的数字表面模型。在数字高程模型的基础上进行编辑，去除建筑物、树木、植被等非地形要素，恢复连续的地面形状，再经过滤波、平滑等处理后，可以得到准确表达地面高程信息的数字高程模型。数字高程模型示意图（**TIN**）如图 8-13 所示。数字高程模型示意图（**TIN+影像**）如图 8-14 所示。

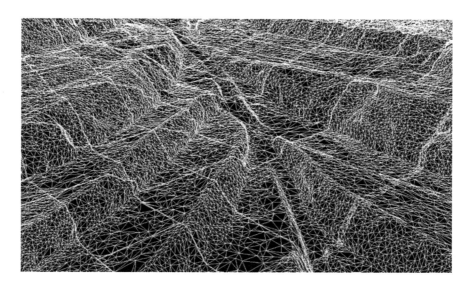

图 8-13　数字高程模型示意图（TIN）

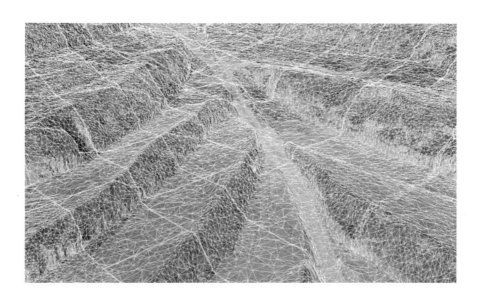

图 8-14　数字高程模型示意图（TIN+影像）

　　利用倾斜摄影三维模型生成的数字高程模型，保留了微观地貌的真实形态，具有很高的精度和真实性。以 TIN（Triangulated Irregular Network，不规则三角网的缩写）格式表达的数字高程模型（DEM-TIN），保留了全部微地貌的特征，可为工程设计等提供准确的计算依据。将 TIN 格式的 DEM 转换为以规则格网点的高程值来表达地形起伏时，就形成了规则格网点的数字高程模型（DEM-G）。

　　基于经过绝对定向后的倾斜摄影三维模型，根据植被、建筑物、地貌的特征，选择适当的算法，对三维模型进行滤波、曲面拟合、平滑等处理，以去除建筑物、树木、植被等非地形要素，恢复地面形状，并将原来分块存储的三维模型数据拼合为一个完整的数据集

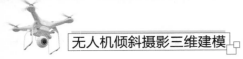
后，再按照标准分幅进行拼接/裁切，就可以得到数字高程模型产品。

数字高程模型产品生产流程示意图如图 8-15 所示。

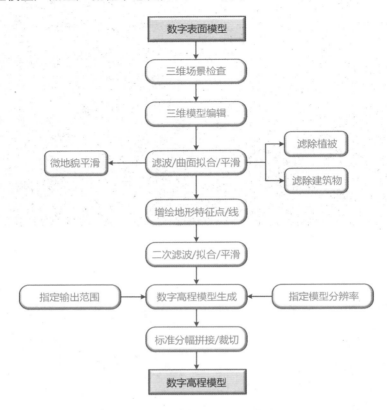

图 8-15　数字高程模型产品生产流程示意图

在数字高程模型的基础上，经自动提取或人工引导添加部分地形特征线（合水线、分水线等）、水域边线等，使用等高线生成软件，就可以近乎自动地生成等高线。利用数字高程模型自动生成的等高线示意图（等高线+影像）如图 8-16 所示。

图 8-16　利用数字高程模型自动生成的等高线示意图（等高线+影像）

8.10　真正数字正射影像图产品介绍及生产流程

TDOM 是 True Digital Orthophoto Map（真正数字正射影像图）的缩写。使用绝对定向后的倾斜摄影三维模型（3DM），利用正投影方法将其投影到二维水平面上，就可以得到完全消除因地形起伏和地物高差产生的投影差的真正数字正射影像图。真正数字正射影像图，如图 8-17 所示。中心投影法、斜投影法、正投影法如图 8-18 所示。

图 8-17　真正数字正射影像图

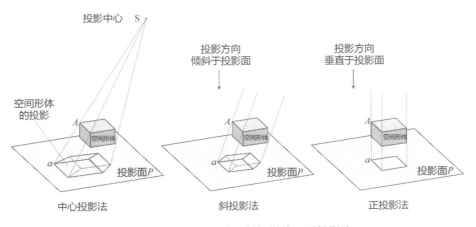

图 8-18　中心投影法、斜投影法、正投影法

而以往使用常规中心投影的航空影像进行正射影像图生产，要想完全消除因地形、建筑物、树木等高差引起的投影差，是非常困难的。而利用倾斜摄影三维模型，采用正投影方法制作真正数字正射影像图，则解决了以往数字摄影测量中不能完全消除的建筑物、树木等投影差的问题，实现了在正射影像上所有物体的投影位置和投影形状与实体的外轮廓完全一致的目标。

真正数字正射影像图产品生产流程示意图如图 8-19 所示。

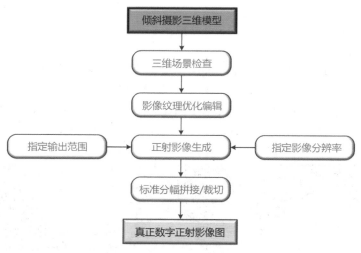

图 8-19　真正数字正射影像图产品生产流程示意图

8.11　数字线划地图产品介绍及生产流程

　　DLG 是 Digital Line Graphic（数字线划地图）的缩写。数字线划地图（DLG）是按照一定的图式规范采集的基础地理要素的矢量数据集，且保存了要素间的空间关系和相关的属性信息。

　　而基于高精细度和高精确度的倾斜摄影三维模型，使得原来在常规摄影测量的立体测图模式下需要人工采集的特征线和特征面，可以通过对相似形状特征和纹理特征的三角面片进行自动特征识别、提取、聚类等分析和操作，得到具有相似几何特征和纹理特征面片的连续面状区域及其边界，采用人工引导、自动识别、智能提取的方式，可以快速获取大多数地物的范围和边线，如建筑物的轮廓和形状、道路的范围和边线、水域的范围和边线、田块的范围和边线等面状和线状要素，是实现自动测图的基础之一。

　　同时，可以基于倾斜摄影三维模型完成大部分地形和地物要素的识别和判读工作，如建筑物结构、建筑材料、道路铺装材料、植被类型、地貌类型等，调绘工作也可以采用先室内判读、再外业检验补测的方法进行。

　　地块边界线自动提取结果示意图如图 8-20 所示。在 3D 测图软件中，针对不同的地块类型，通过调整三角面片的方向相似度、色彩相似度和边界平滑度等参数，以人工引导、自动提取的方式，搜寻所有符合所设参数条件的连续三角面片，标识出这些三角面片的顶点，然后提取这些三角面片区域的最外侧三角形最外侧的边，并根据设置的边界平滑度进行平滑处理后，就得到了该地块的边界。图 8-20（a）为三维模型的原始影像，图 8-20（b）为三角面顶点的点云，是按照设定的方向相似度和色彩相似度通过自动提取得到的，图 8-20（c）为外轮廓边界线，是自动获取得到的。该方法也适用于对公路、水域等边界线的提取。

　　建筑物轮廓线自动提取结果示意图如图 8-21 所示。在处理影像的过程中展示了通过设置不同的高度，三维智能测图系统可以自动提取建筑物不同高度层的外轮廓线。图 8-21（a）为建筑物的三维模型，图 8-21（b）中的红线为自动提取的建筑物的轮廓线。

（a）3DM 的原始影像

（b）三角面顶点的点云

（c）外轮廓边界线

图 8-20　地块边界线自动提取结果示意图

（a）建筑物的三维模型

（b）建筑物的轮廓线

图 8-21　建筑物轮廓线自动提取结果示意图

　　基于倾斜摄影三维模型和真正数字正射影像图，使用三维智能测图软件，采用自动提取和人工测图的方式，按照图式规范的要求，可以智能地采集房屋轮廓线、道路边线、水涯线、地块边线等地物和地貌要素的特征点线面体，再赋予相应的属性信息和符号化表示，就得到了地物要素的矢量数据。同时，基于数字高程模型，经过自动提取或人工引导添加部分地形特征点（山顶最高点、鞍部点、最低点）和特征线（分水线、合水线、陡崖、水涯线）等地形特征数据，对其再次进行滤波、拟合、平滑等处理后，使用等高线生成软件，就可以得到等高线的矢量数据。再将地物要素的矢量数据和等高线矢量数据进行融合编辑，就可以得到数字线划地图产品。

　　数字线划地图产品的生产流程如图 8-22 所示。

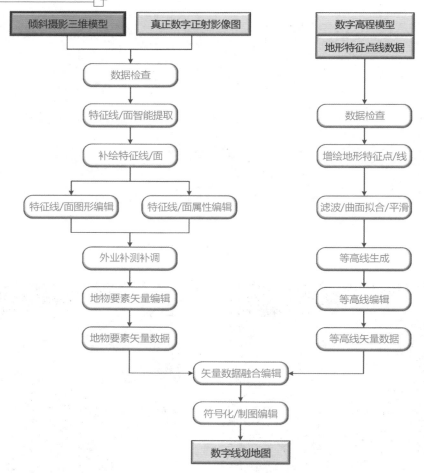

图 8-22　数字线划地图产品的生产流程

　　由于有了高准确度和高精细度的实景三维模型作为基础，使得产品生产者和使用者都可以根据一定的标准和特殊的需求，随时进行点、线、面、体等矢量要素的提取和采集。因此，传统的全要素数字线划地图的生产模式和产品标准会随着倾斜摄影技术的普及而改变，其中之一就是数字线划地图产品中要素内容和采集方式的变化。例如，很多原来需要用符号表达的地形地貌和地物要素，其形状、尺寸、色彩、地表覆盖等在三维模型上以实景的方式直观真实地展现出来，可以不必再用符号的方式来表达了。再如，在不同使用场景和不同应用阶段，对地形地貌和地物要素矢量数据的内容要求是不同的，可以不必一次性按照标准地形图的图式规范进行全要素矢量数据的采集，而是根据实际需求采集所需要的内容即可，也就是从进行全要素的采集转变为对核心要素的采集，进而生产满足不同应用需求的、多种类型的核心要素数字地图。

　　由于自动化采集地物要素的技术和软件尚不成熟，目前市场提供的基于倾斜摄影三维模型进行地物要素采集的软件产品仍以人眼观测、手工采集为主，但对部分要素的采集已有智能化的辅助方法，如北京山维科技股份有限公司（原清华三维）的 EPS 地理信息工作站（三维测图工程版）、武汉天际航信息科技股份有限公司的 DP-Modeler 倾斜摄影建模与测量系统、武汉航天远景科技股份有限公司的 MapMatrix3D 图阵三维智能测图系统等。

8.12　数字对象化模型产品介绍及生产流程

在测绘地理信息领域的术语中，"对象""实体""单体""地理实体""空间实体"等具有相同或相似的含义，主要是指在地形图或地理信息系统中需要单独标识和附加属性的特定空间范围，可以是点、线、面，也可以是体。本书中我们统一称之为"对象"，对"对象"进行标识和标注的过程称为"对象化"，"对象化"的成果则称为"对象化模型"。

"对象"其实就是指每个需要单独标识和管理的特定空间范围，可以是一个窗户、一根电杆、一棵树、一栋房屋，也可以是一段道路、一条河流、一条电力线，还可以是一块土地、一个行政区域、一个管辖范围。在地理信息系统中，"对象"就是用户希望单独标识、管理和可以被选中的空间范围。当单击该区域时，"对象"显示为设定的颜色（称为"高亮"），还可以附加属性，可以被查询统计等。

对一栋多层建筑物而言，整栋建筑物可以是一个"对象"，每层、每单元、每户、每间房子也可以是独立的"对象"，甚至每扇门、每个窗户也可以标识为"对象"。至于如何对"对象"进行划分，也就是如何确定"对象"的粒度，主要取决于用户对"对象"进行标识、进行管理、进行查询、进行分析等业务工作的需求。不同用户、不同业务、不同阶段、不同模式，对"对象"的划分方法和粒度都可能不同，所以并无统一标准。

以国家标准比例尺地形图系列（1:500、1:1 000、1:2 000、1:5 000、1:10 000、1:25 000、1:50 000、1:100 000）的图式规范生产的标准地形图产品，可以看作是对同一对象进行不同粒度划分和制图表现的样例，即同一地形地貌要素在不同比例尺地形图中以不同的符号形式呈现。

因此，对象化模型产品并不是一个固定的、标准化的产品，而是在与用户进行充分交流的基础上、按照用户的需求进行定制化生产的产品。此外，以什么形式提供和展现对象化模型产品，也是在对象化模型产品开始生产前需要用户最终确定的。

以整栋建筑物为单位的数字对象化模型产品示意图如图 8-23 所示。

图 8-23　以整栋建筑物为单位的数字对象化模型产品示意图

以户为单位的数字对象化模型产品示意图如图 8-24 所示。

图 8-24　以户为单位的数字对象化模型产品示意图

在倾斜摄影三维模型、真正数字正射影像图、核心要素数字地图等数据的基础上，按照项目要求的数字对象化内容，对行政界线、管理区域界线、社区界线、地名地址范围、整栋建筑物、分单元、分户、道路范围、水域、地块等要素进行对象化采集和处理，参考有关户籍、权属、建筑、地表覆盖等信息赋予必要的属性信息，并赋予相应的标识码，得到数字对象化模型数据。

数字对象化模型产品生产流程如图 8-25 所示。

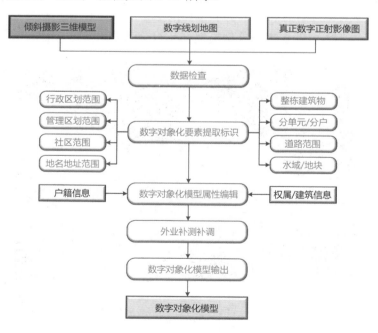

图 8-25　数字对象化模型产品生产流程

第9章 无人机倾斜摄影项目实施

一般来说，无人机倾斜摄影项目的主要目的就是建立精细的地表三维模型，并根据用户的要求生产相关的测绘产品和成果数据，具体的项目要求和成果内容则根据不同情况有所不同。

9.1 项目实施的主要流程

无人机倾斜摄影项目实施的主要流程如下。

（1）确认项目要求。

（2）收集整理分析资料。

（3）编写实施计划书。

（4）编写技术设计书。

（5）倾斜摄影飞行。

（6）外业控制点测量。

（7）倾斜影像三维建模。

（8）标准测绘产品生产。

（9）编写总结报告。

（10）成果交付。

无人机倾斜摄影项目实施的主要流程和工作内容如图 9-1 所示。

本章通过介绍无人机倾斜摄影三维建模及相关数据生产的项目案例的方式来说明无人机倾斜摄影项目实施的主要流程和工作内容。

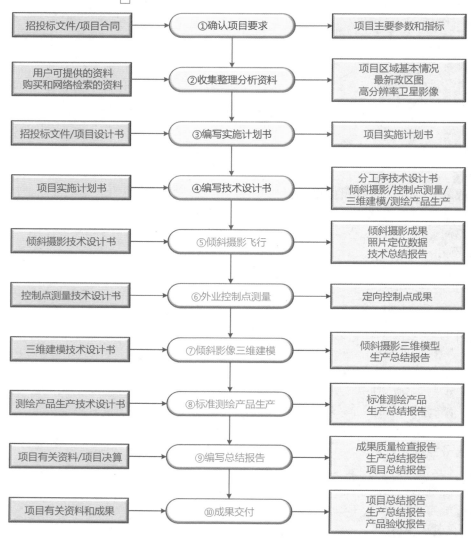

图 9-1　无人机倾斜摄影项目实施的主要流程和工作内容

9.2 案例项目基本情况

项目名称：无人机倾斜摄影三维建模及相关数据生产。

项目位置：某省某市某区。

项目工作内容和要求。

（1）完成建成区范围为 A km^2 的倾斜摄影和三维建模，并提交相应成果，影像地面分辨率 B cm/px，三维模型明显特征点量测精度优于 C cm。

（2）完成上述区域的真正数字正射影像图、数字表面模型、数字线划地图、数字对象化模型等，并提交相应成果，数据精度达到相关比例尺地形图的有关要求。

成果用途：项目成果将作为本区域的时空信息基础内容，提供给有关部门使用，包括自然资源管理、不动产登记、公安、城市规划和管理、公共设施管理和运营等部门和单位。

项目甲方：区信息化办公室（牵头单位），区自然资源局（项目招标单位，合同甲方），区规划局、公安局、城管局（项目参与单位）。

项目招标公告时间：2019 年 E 月 F 日。

项目投标时间：2019 年 G 月 H 日。

项目中标单位：×××有限公司（乙方）。

项目实施期限：合同签订后 180 日内提交所有成果。

付款进度：合同签订后 10 日内支付 30%，提交所有成果后 10 日内支付 30%，验收合格后 30 日内支付 40%。

9.3　案例项目实施主要流程

9.3.1　确认项目要求

"确认项目要求"是指所有项目实施者必须关注的首要环节。虽然多数项目在开始实施前，甲方都会通过招标文件、投标文件、项目合同、项目总体设计书、项目任务书等文件，以书面形式给出相对明确的工作内容、技术指标、进度安排、实施期限等要求，但往往也存在叙述不完整、指标不明确等情况，特别是当项目涉及多个部门或多种专业时，每个部门和每个专业对项目的具体要求不一定会完整地写入甲方提供的项目文件中。因此，项目实施者必须根据甲方提供的材料，通过自己的理解和经验，再次与甲方就具体工作内容和技术指标等进行沟通确认，以得到完整准确的项目描述。

项目内容应该确认包括项目范围、成果用途、工作内容、技术指标、成果形式、工艺要求、实施期限、甲方参与单位和联系人、适用标准、其他特殊要求等，并形成文字材料，供编写项目实施计划书参考。

根据甲方提供的项目基本情况，某公司组成了总体组和实施组。总体组主要负责项目管理和协调，编写项目实施计划书，编制项目预算和决算，进行项目总结。实施组主要负责各工序技术设计书的编写，生产组织和进度管理，产品质量控制等项工作。如果项目实施涉及多家承担单位，则还需要与各方分别签订相关的合同或协议，明确各方的责任、权利和义务。

"确认项目要求"是一个随项目进展不断深化的过程，也是一个固化项目需求的过程。虽然项目招标书和项目合同等文件中，对项目内容和要求都有基本的描述，但甲方对项目内容和成果的要求，通常会随着项目实施过程中与各方交流的不断深化而调整和改变，而乙方则会因技术实现难度加大、工作量增加、时间延长、成本增加等因素要尽量减少和控制这种变化。因此，最后确认的项目要求应该是书面的、明确的、可实施的、各方接受的。满足项目招标文件或项目合同要求，是多方互动的结果。

除了与甲方确认项目要求以外，乙方还要逐一与承担任务的其他各方明确和细化项目要求，并确保与项目的总体要求一致。

从许多项目实施的经验来看，明确指定一名具有技术水平和工作经验、且能在项目实施单位内协调相关资源的项目总负责人（项目经理）是确保项目顺利实施的重要因素。当项目实施涉及多个单位时，每个单位也需要指定相应的项目负责人。

9.3.2　收集整理分析资料

明确项目要求之后，实施方要通过多种渠道收集项目实施所需要的各种数据和资料。

首先，可以通过互联网的搜索网站、政府门户网站、地图网站、行政区划网站等，收集项目所在地区的基本情况，包括行政区划、地理位置、行政区划地图、高清卫星影像、地貌和地物特征、建筑物形态（密集程度、高度等）、交通情况、天气情况、民风民俗、相关政府机构等。

其次，通过甲方收集项目实施所涉及的信息和数据，建立与项目参与各方的直接联系，了解项目成果的应用场景和相关业务的工作流程，进一步明确项目成果提交的格式、坐标系统、投影系统、精度指标、验收依据等。

再次，根据项目实施内容，收集相似项目案例、相关的技术标准和作业规定等资料。

最后，对所有收集的信息和资料进行整理和分析，按照项目实施的需要，分别整理汇编成文，并针对项目实施提出初步方案和建议，供参与项目实施的各方参考。通过收集整理分析资料，也可以使项目实施方进一步明确项目要求，制订出更加符合实际的项目实施计划和技术设计书。

收集资料时，有一点非常重要，就是要收集项目所在区域中带有乡镇界线的最新版行政区划地图和高分辨率卫星影像，以便准确标记项目区域，并作为下一步进行倾斜摄影分区范围划分、航线设计相关数据生产范围的依据。

9.3.3　编写项目实施计划书

明确了项目要求和各参与单位的任务分工后，就可以开始编写项目实施计划书。项目实施计划书的主要内容如下。

（1）项目简况包括项目来源、招标和投标情况、业主单位、主要工作内容、项目实施周期等。

（2）项目区域简况包括行政区划、地理位置、地形地貌特征、交通、人口、气候、相关政府机构，主要用户等。

（3）项目承担单位简况包括各单位简况，任务分工，项目负责人等。

（4）组织机构根据需要设置项目组织机构（如总体组、专家组、技术组、实施组等），还包括单位会商机制，部门会商机制等。

（5）资金情况包括资金来源、支付方式、支付节点和数量等。

（6）成果要求：成果内容和数量、格式要求、数据生产标准、成果验收依据等。

（7）技术路线包括相关工序的主要技术指标和工艺流程，建议采用的设备和标准等。

（8）进度计划包括项目整体进度计划，分工序进度计划，分单位进度计划，成果提交的内容、数量和时间节点等。

（9）成果验收包括成果汇总单位、验收单位、验收模式等。

9.3.4　编写技术设计书

按照项目工序安排，分别编写倾斜摄影、外业控制、外业调绘、三维建模、真正数字正射影像图生产、数字线划地图生产、数字对象化模型等技术设计书，明确技术要求和作业规程。

倾斜摄影技术设计书的主要内容包括任务区基本情况、摄影分区划分原则和分区范围线、影像地面分辨率、航向重叠度和旁向重叠度、飞行平台选择、倾斜摄影系统选择、飞行天气标准、每日飞行时段、照片及曝光点位置文件命名方式、数据格式和提交介质、存储目录命名、飞行记录文件、影像验收标准等。摄影分区的划分除了要考虑飞行的要求，也要考虑三维建模计算时的分区要求。

外业控制点测量技术设计书的主要内容包括任务区基本情况、外业控制点（像控点）布设原则和点位略图、成果的坐标系统和投影系统、测量精度要求、测量方法、点之记内容和格式。不同于传统摄影测量按照航线间隔数和基线间隔数来布设外业控制点的方法，倾斜摄影一般是根据影像地面分辨率和成果精度要求，采用等间距格网田字型法布设外业控制点，外业控制点间距与影像地面分辨率的关系见表 9-1。

表 9-1　外业控制点间距与影像地面分辨率的关系

影像地面分辨率	三维模型量测精度	外业控制点测量精度	外业控制点间距	满足成图比例尺的精度要求
2cm/px	5～10cm	±2cm	300～500m	1:500
5cm/px	20～30cm	±2cm	1 000～2 000m	1:1 000
10cm/px	30～50cm	±5cm	2 500～3 000m	1:2 000

外业调绘技术设计书的主要内容包括任务区基本情况、调绘的内容和要求、调查成果提交格式等。由于倾斜摄影三维模型能够从多角度展现地物和地貌特征，因此可以通过三维模型判断出大部分地物和地貌显性属性，如房屋结构和建筑材料、道路铺装材料、植被类型、土地利用类型等。而对地名、房屋用途、权属、管理属性等隐性属性，则需要通过收集资料和现场调查等方式进行补充和核实。

三维建模技术设计书的主要内容包括任务区基本情况、航摄分区范围、每个分区的航线数量和照片数量、外业控制点布测方法和点位略图、三维模型建模精度要求、采用的空三计算软件和三维建模软件、成果的坐标系统和投影系统、提交的数据格式等。三维建模计算的分区通常与摄影分区相同。

真正数字正射影像图技术设计书的主要内容包括任务区基本情况、航摄分区范围、三维模型建模精度指标、成果的坐标系统和投影系统、影像图分幅范围和尺寸、提交成果的数据格式等。三维建模计算的分区通常与摄影分区相同。

数字线划地图技术设计书的主要内容包括任务区基本情况、三维模型建模精度指标、需要采集的核心要素内容和方法、要素编码体系、成果的坐标系统和投影系统、分幅范围和尺寸、提交成果的数据格式等。

数字对象化模型技术设计书的主要内容包括任务区基本情况、三维模型建模精度指标、对象化要素采集的内容和方法、对象化要素编码体系、成果的坐标系统和投影系统、提交成的的数据格式等。

9.3.5 倾斜摄影飞行

执行倾斜摄影飞行的单位应及时向有关单位申请飞行空域，并在实施飞行前对任务区进行现场踏勘，准确掌握任务区的地貌和地物特征，特别是要标识出任务区及周边 2km 范围内的高大建筑物、高压线塔、飞行禁区范围。如果根据现场情况需要对摄影分区、航高等进行调整时，应征得甲方的同意，并确定最终的摄影分区范围线、影像地面分辨率、航向和旁向重叠度等参数。

执行倾斜摄影飞行的机组应根据倾斜摄影技术设计书的要求和给定的参数进行航线设计和飞行任务安排，报送每日飞行计划，做好飞行日志，提交相应的成果。

9.3.6 外业控制点测量

外业控制点测量作业单位应按照外业控制点测量技术设计书的要求组织、布设和施测外业控制点。通常情况下，外业控制点测量采用 GPS-RTK（全球定位系统实时差分）方法施测。

与传统摄影测量外业控制点布设方法不同，倾斜摄影的外业控制点布设方法是按照一定的格网间距均匀布设的，而不必考虑航线数和基线数的间隔。外业控制点布设的格网间距一般与摄影分区的范围和影像地面分辨率相关（参照表 9-1）。

为了及时检查三维模型的精度，外业控制点布设时可以采用双点法，即在同一布点范围内相距 50m 以内布测主点和副点两个控制点，主点作为控制点参与三维模型的定向，副点不参与定向计算，仅作为检查点使用。

9.3.7 倾斜影像三维建模

首先要对所有倾斜影像进行检查，研究摄影分区、飞行架次、照片数量等，配准照片GPS 定位数据，剔除试片、空片等，根据计算机集群的计算能力，在摄影分区的基础上计算分区。然后根据计算分区范围将照片导入三维建模软件中进行三维建模计算。

9.3.8 测绘产品生产

按照测绘产品生产技术设计书的要求，制作相应的测绘产品。标准测绘产品如下。
- 三维模型（3D Model，缩写 3DM）。
- 数字表面模型（Digital Surface Model，缩写 DSM）。
- 数字高程模型（Digital Elevation Model，缩写 DEM）。
- 真正数字正射影像图（True Digital Orthophoto Map，缩写 TDOM）。
- DLG（Digital Line Graphic）数字线划地图（核心要素数字地图）。
- 数字对象化模型（Digital Object model）。

所有测绘产品都要按要求进行质量检查，并提交质检报告。

9.3.9　编写总结报告

完成所有的倾斜摄影三维建模和测绘产品生产工作后，需要编写项目执行的总结报告，汇总相关技术设计书和作业规定，统计原始数据量、成果数据量和工作量，做好验收和向甲方交付成果的准备工作。

总结报告要说明项目来源、项目要求、技术标准、成果形式、实施过程、成果数量、检查验收情况等，还应说明成果的使用范围和注意事项。如果对用户的应用场景和使用环境有一定的了解，也可以就如何更好地使用成果提出一些建议。

9.3.10　成果交付

按照项目要求完成所有的数据生产并经检查验收后，就可以根据项目进度和要求向甲方交付成果了。

反侵权盗版声明

电子工业出版社依法对本作品享有专有出版权。任何未经权利人书面许可，复制、销售或通过信息网络传播本作品的行为；歪曲、篡改、剽窃本作品的行为，均违反《中华人民共和国著作权法》，其行为人应承担相应的民事责任和行政责任，构成犯罪的，将被依法追究刑事责任。

为了维护市场秩序，保护权利人的合法权益，我社将依法查处和打击侵权盗版的单位和个人。欢迎社会各界人士积极举报侵权盗版行为，本社将奖励举报有功人员，并保证举报人的信息不被泄露。

举报电话：（010）88254396；（010）88258888

传　　真：（010）88254397

E-mail：　dbqq@phei.com.cn

通信地址：北京市万寿路 173 信箱

　　　　　电子工业出版社总编办公室

邮　　编：100036